故宫典藏明式家具制作图解

编　著　袁进东　夏　岚
主　审　周京南
支持机构　中南林业科技大学中国传统家具研究创新中心

中国林业出版社

图书在版编目　　　　　　数据

故宫典藏明式家具制作图解 / 袁进东，夏岚编著 . -- 北京：中国林业出版社，2018.4

ISBN 978-7-5038-9453-4

Ⅰ . ①故… Ⅱ . ①袁… ②夏… Ⅲ . ①家具　制作　中国　明代　图解
Ⅳ . ① TS666.204.8-64

中国版本图书馆 CIP 数据核字 (2018) 第 039173 号

责任编辑　纪　亮　樊　菲

出 版　中国林业出版社　100009 北京西城区德内大街刘海胡同 7 号
网 址　http://lycb.forestry.gov.cn/
E-mail　cfphz@public.bta.net.cn
电话　010-8314 3518
发 行　中国林业出版社
印 刷：深圳市汇亿丰印刷科技有限公司
版 次　2018 年 4 月第 1 版
印 次　2018 年 4 月第 1 次
开 本　210mm × 285mm　1/16
印 张　11.5
字 数　200 千字
定 价　180.00 元

《故宫典藏明式家具制作图解》

组织机构

编　　著　袁进东　夏　岚
主　　审　周京南
策　　划　北京大国匠造文化有限公司
支持机构　中南林业科技大学中国传统家具研究创新中心

中南林业科技大学　中国传统家具研究创新中心

首席顾问　胡景初　刘　元
荣誉主任　刘文金
主　　任　袁进东
常务副主任　纪　亮　周京南
副 主 任　柳　翰　李　顺　汪翔宇
中心研究员　黄福华　夏　岚　杨明霞　李敏秀　彭　亮　于历战　卢　曦　曾　利
中心新广式研究所　李正伦　汤朝阳
中心东阳木作研究所　厉清平　任响亮

本书入选

中華木作
绿色文化传播及设计创意服务平台

前 言

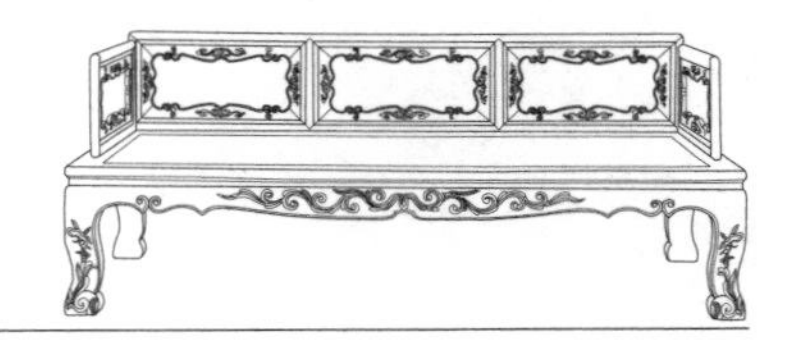

中国古典家具发展历史悠久，它以木结构为主体的建筑体系为依托，通过历代能工巧匠的不断创新、经验积累、日臻完善，发展至明清时期的明式家具已被公认为我国古典家具发展史上的一个高峰。其造型、构造方式及工艺技术等各方面都形成了独特风貌。

明式家具源起明代苏州地区，2006 年被列为第一批苏州国家级非物质文化遗产中的传统手工技艺。对待这一类型非遗的研究，大多学者将其视为独立的传统艺术品或历史性技术进行深究，以挖掘其专业价值。王世襄先生掀开了国内重视明式家具研究的大幕，也引领了对现存明式家具物件的艺术性、文化性、技术性等全方位研究领域。然而众多考证与未考证的现存藏品相对整个明代出现的明式家具而言不过是冰山一角。历经战火的破坏、外强的抢劫、国人的拆毁过后，留存于世的明式家具实物在数量上非常少，在规模上也多以孤品为主，面对孤立单品的研究，无论是一叶障目还是见叶知秋的效果，这都必定制约着明式家具的全面、深度、客观的研究。

明式家具可分为六大类型，即承具、坐具、卧具、架类、屏风类、收纳类。承具、坐具、卧具在腿足部件与承面部件的结合方式上一脉相承，即垂直腿足与水平承面榫卯结合，依据阔窄、大小、高矮设置相应的枨、牙、托等辅助结构；架类与屏风类在结构部件方面亦有相同之处，即立杆与横枨形成水平面与墩座相垂直；收纳类包括的箱、橱、柜，几乎都是围合成六个面的立体造型。这六大类型因功能诉求不同而造型各异，进而决定结构部件在造型曲直、宽窄、厚薄、长短等方面各不相同。纵观整体，不同类型的家具虽有不同的结构部件，但千变万化的结构部件始终是由线材和面材变化而来，线材与面材就成为各种结构部件的原始来源。线材可分为直材与弯材、方材与圆材；面材又分为大小面材、厚薄面材、独板与拼板、实材与镂空材。结构部件的相互结合也就是线材与面材的相互结合，在三维组合过程中，传统框架结构原理逐渐演变成三类普通的结合方式，即：线材与线材的结合、线材与面材的结合、面材与面材的结合。自然，不同的结合方式导致了不同的榫卯分类，并得到相应榫卯结构形式。依据这样分类，其目的在于对各类家具造型所依托的结构部件去伪存真，进而理清不同结构部件之间的榫卯构造。

藏明式家具最为丰富的，首推故宫博物院，这里选取了故宫博物院的部分精品明式家具，沿用杨耀老先生和王世襄老先生的研究方法，对家具的尺度、工艺、结构分别进行了分析，旨在抛砖引玉，为传统家具爱好者、传统家具企业提供参考。

最后，最真挚的谢意献给中国林业出版社建筑分社的纪亮社长和中南林的杨莹、位娟、王国宇、王璐迪、朱西宁、刘苇、刘少川、李晓蓉、饶艳婷、杨舒然等同学，正是他们的辛勤付出，才让该书按时付梓出版！

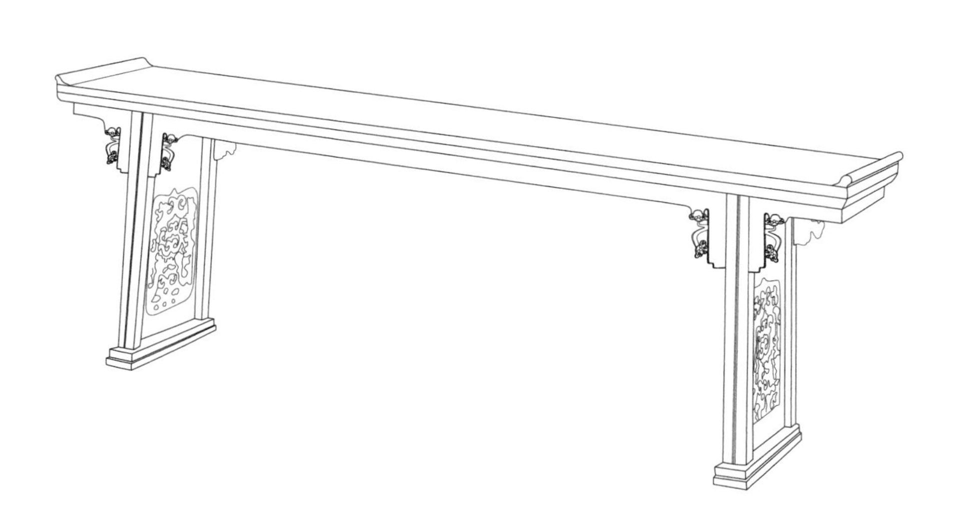

著者

2018 年 3 月

目　录

床　类

椅　类

杌　类

桌　类

案 类

炕 桌

香 几

橱 类

柜 类

黄花梨月洞式门罩架子床

名称：黄花梨月洞式门罩架子床
年代：明代
尺寸：高227厘米、长247.5厘米、宽187.8厘米

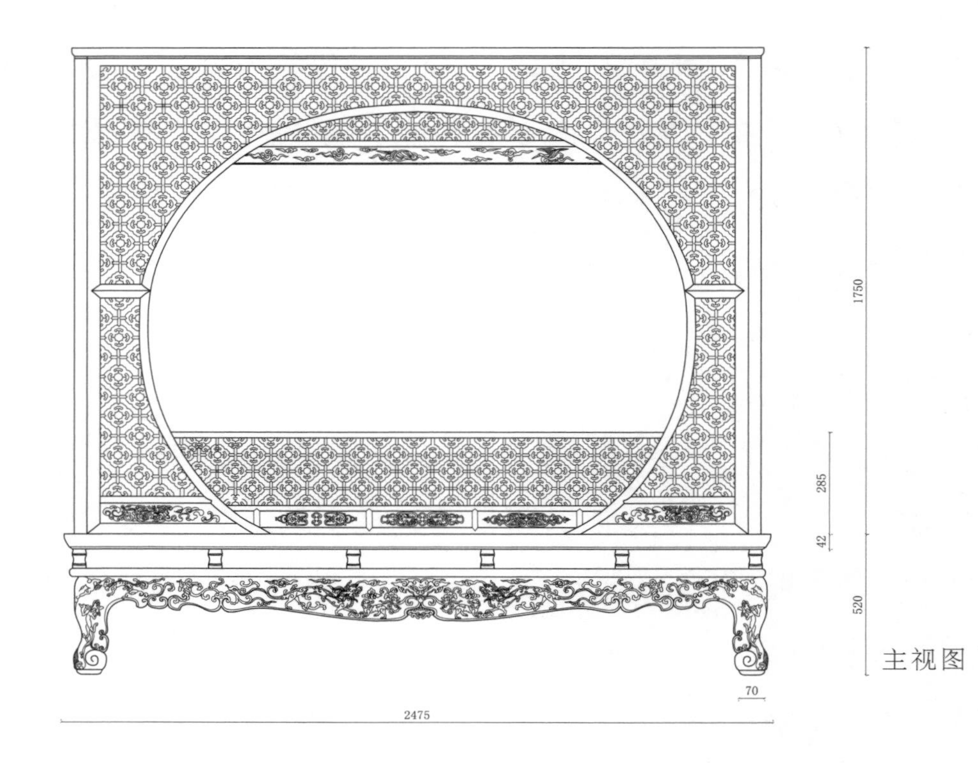
1750
285
42
520
70
2475

主视图

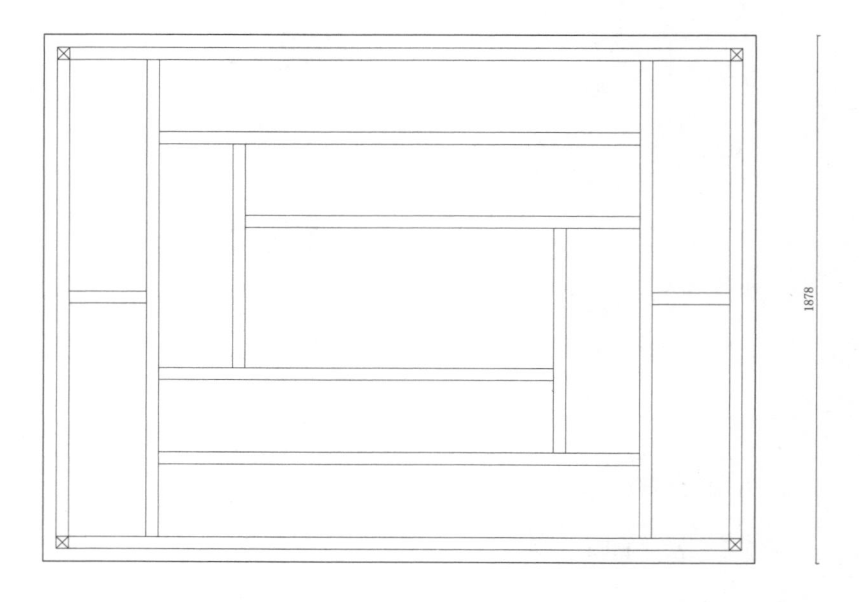
1878

俯视图

2270

左视图

黄花梨卍字纹围架子床

名称：黄花梨卍字纹围架子床

年代：明代

尺寸：高231厘米 长218.5厘米 宽147.5厘米

1740

333

55

560

主视图

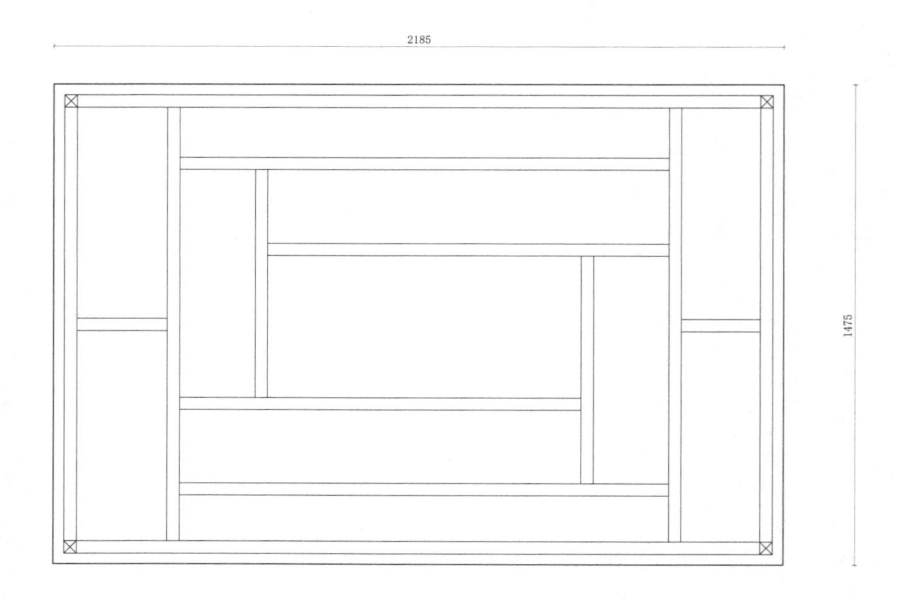
2185
1475

俯视图

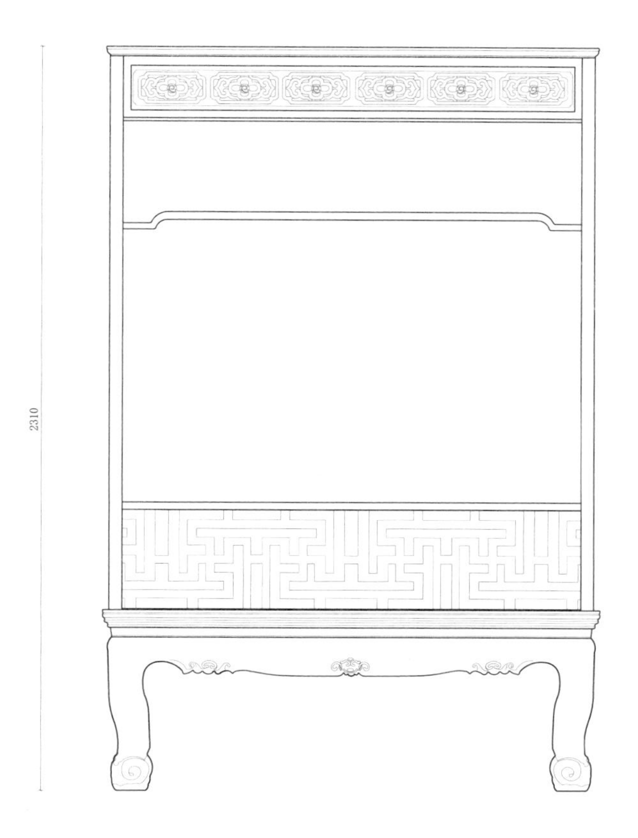
2310

左视图

黄花梨罗汉床

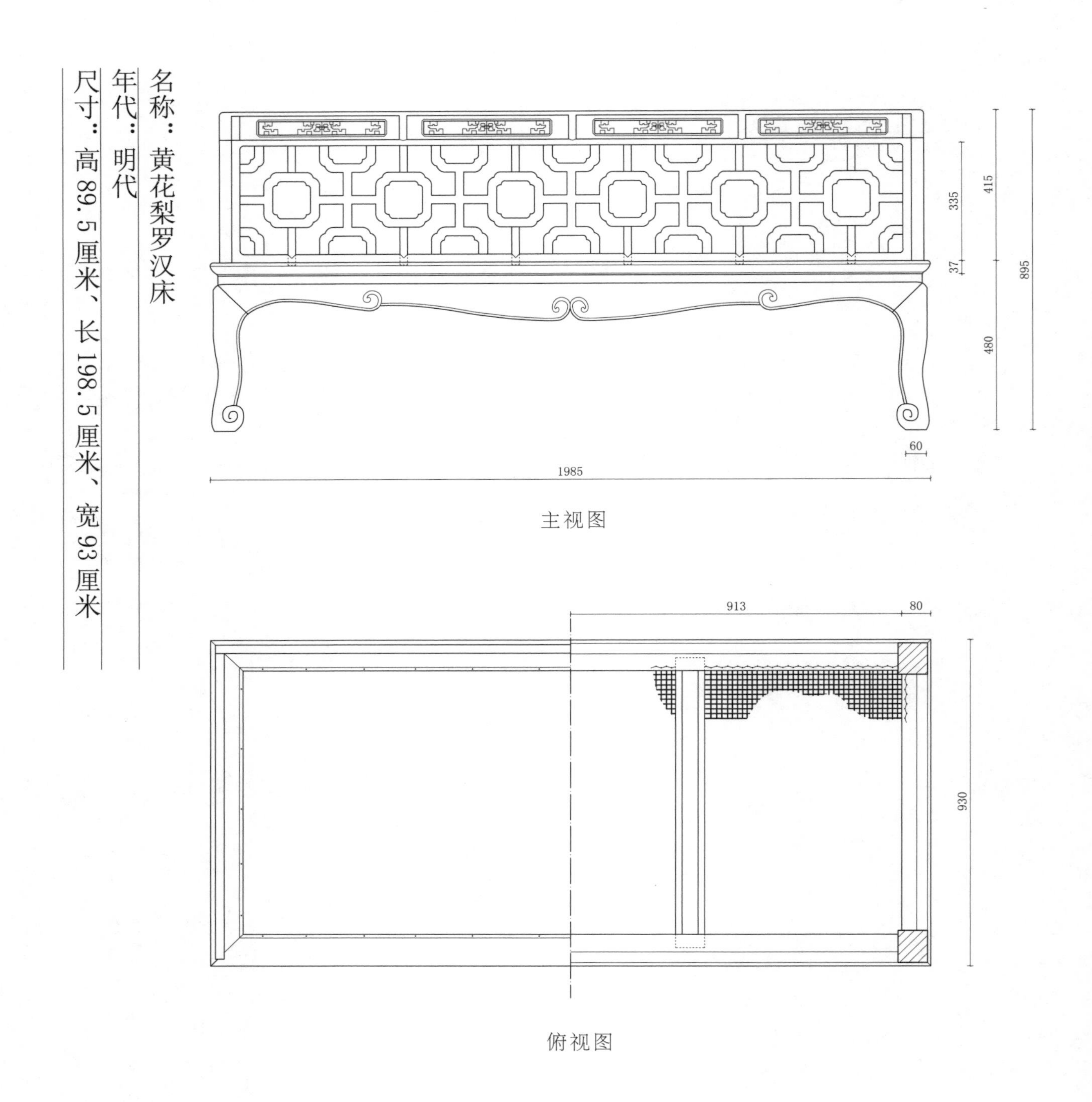

335
415
37
895
480
60
1985
913
80
930

名称：黄花梨罗汉床

年代：明代

尺寸：高89.5厘米、长198.5厘米、宽93厘米

主视图

俯视图

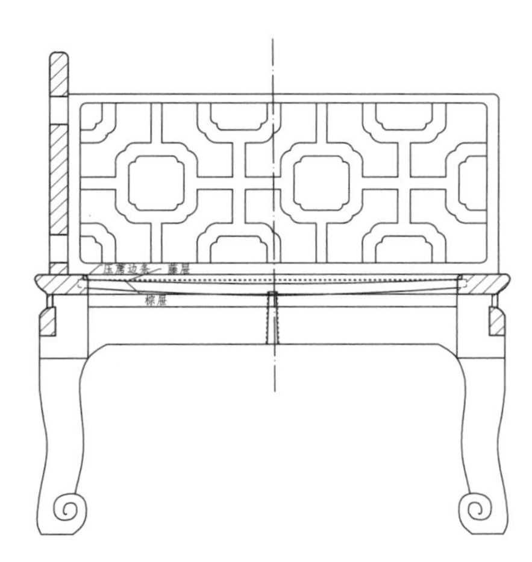
压席边条
藤屉
棕屉

左视图

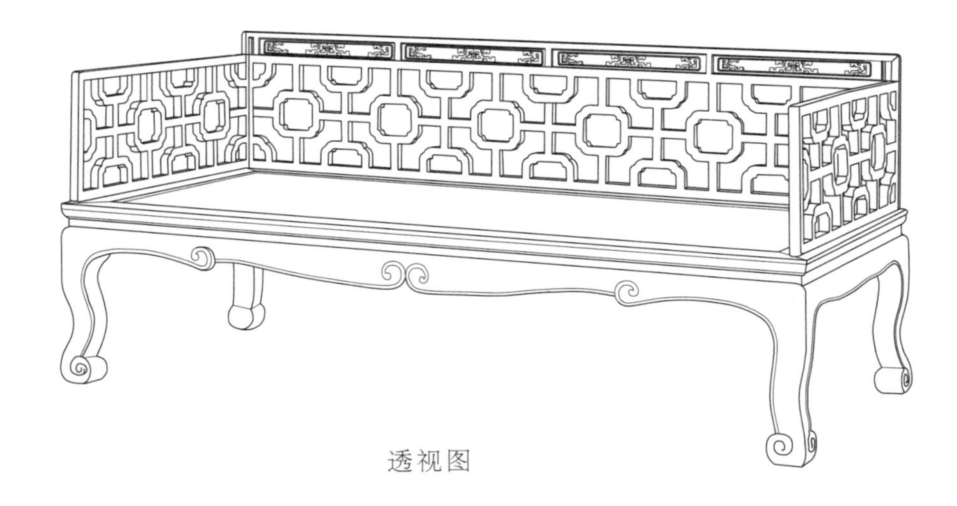

透视图

黄花梨卷草纹藤心罗汉床

名称：黄花梨卷草纹藤心罗汉床

年代：明代

尺寸：高 88 厘米、长 218 厘米、宽 100 厘米

主视图

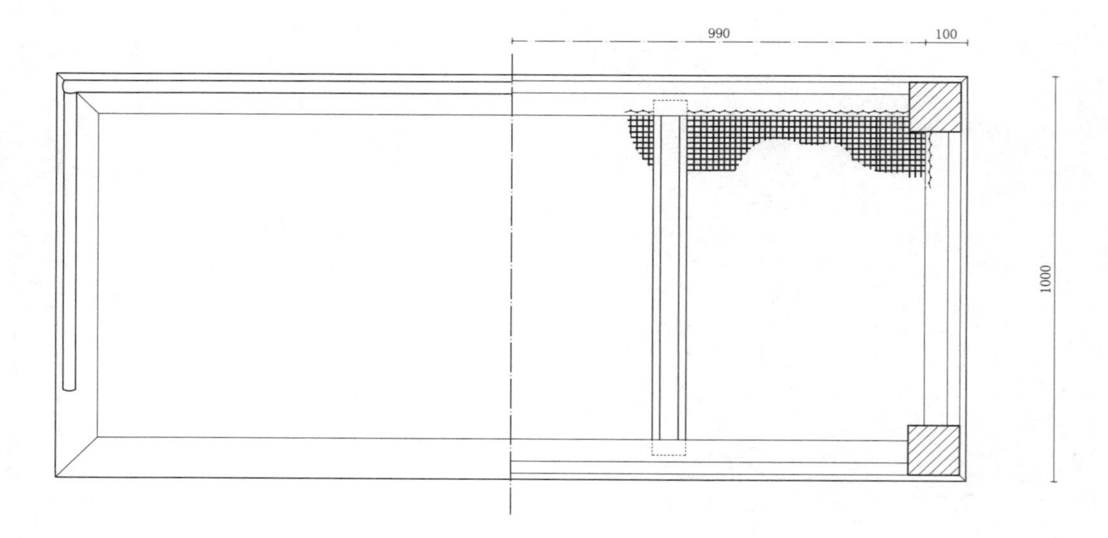
990
100
1000

俯视图

左视图

透视图

黄花梨螭纹圈椅

名称：黄花梨螭纹圈椅

年代：明代

尺寸：高103厘米、长63厘米、宽45厘米

510
210
30
520
压蓆边条
藤屉
托带
棕屉
35
630

主视图

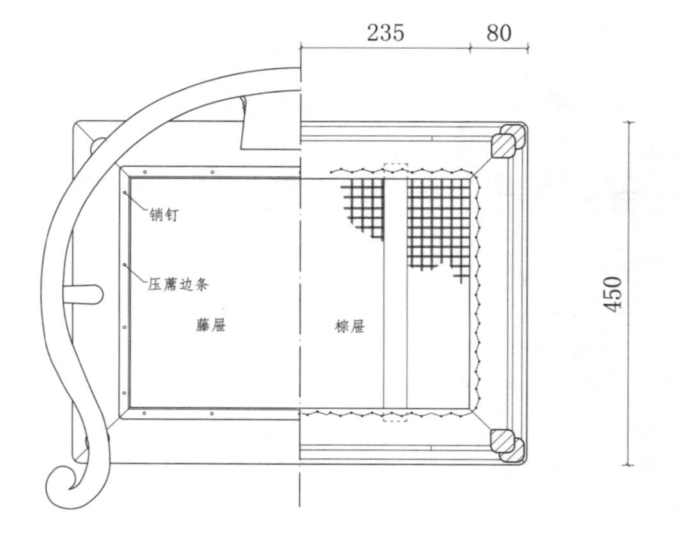
235
80
450
销钉
压蓆边条
藤屉
棕屉

俯视图

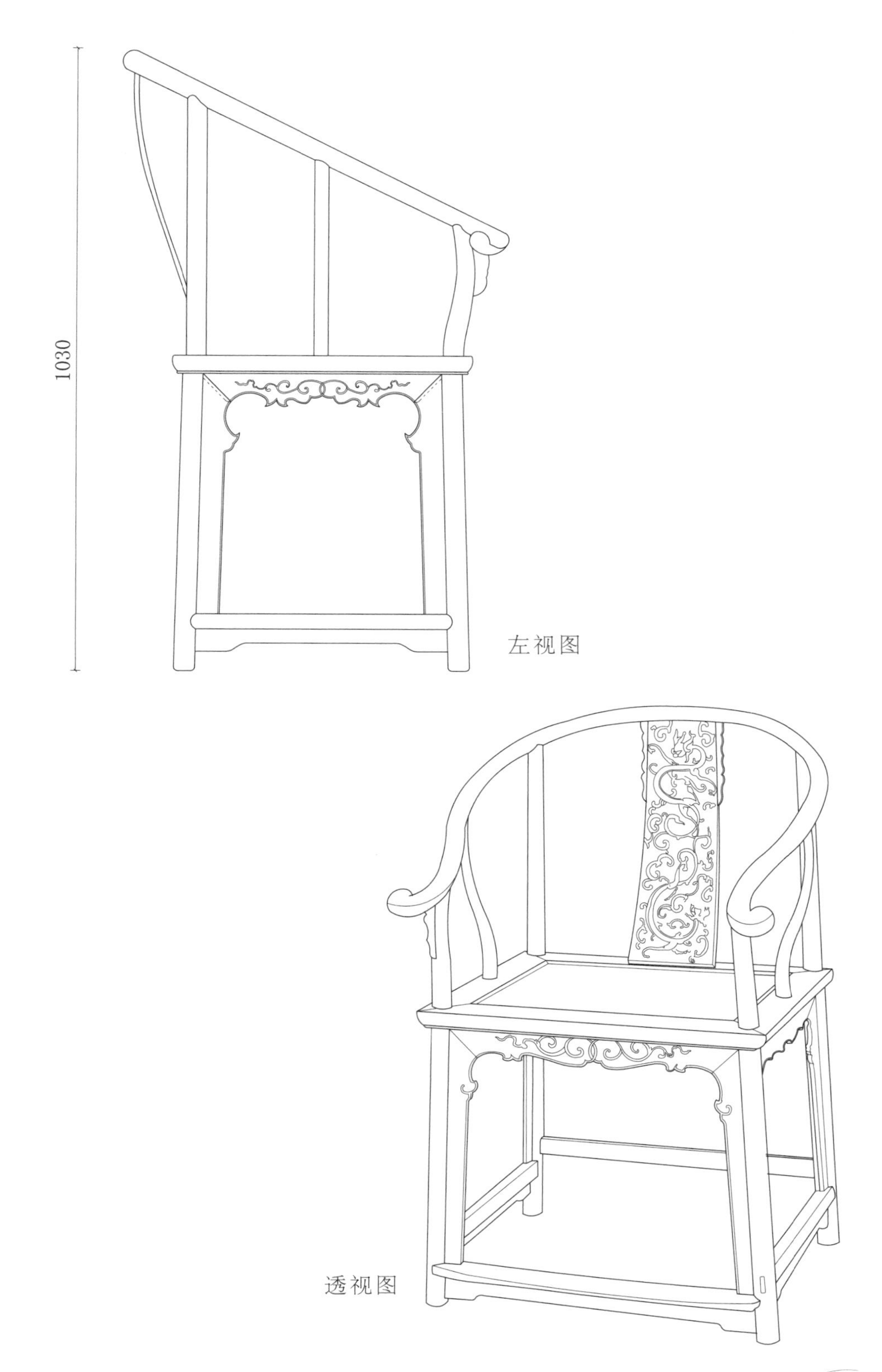
1030
左视图
透视图

黄花梨如意云头纹圈椅

名称：黄花梨如意云头纹圈椅

年代：明代

尺寸：高100.5厘米、长61.5厘米、宽49厘米

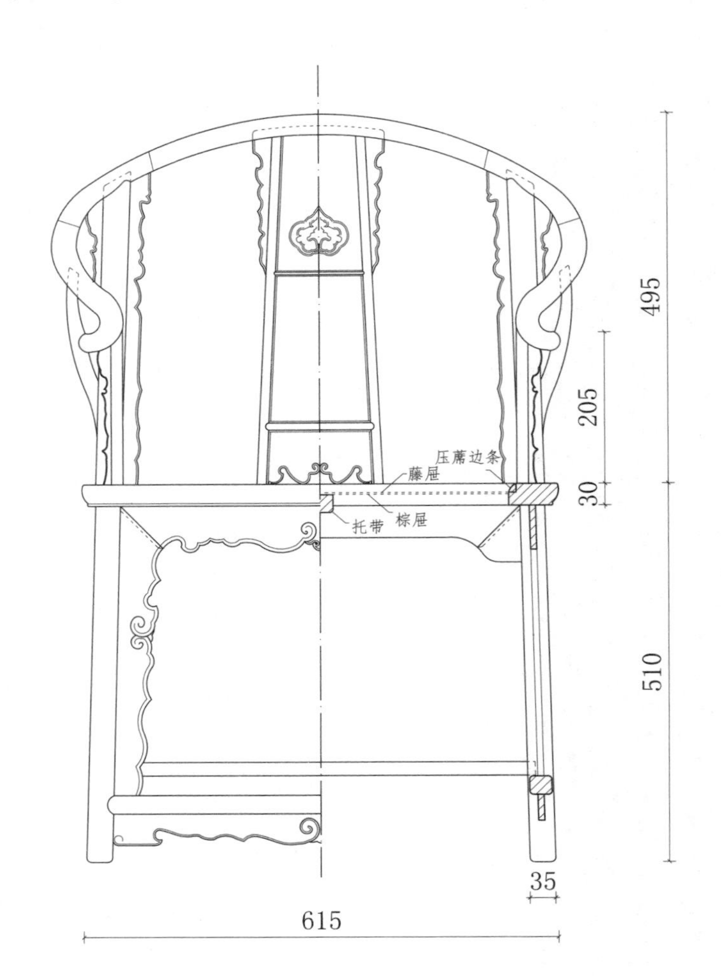
495
205
30
压蓆边条
藤屉
棕屉
托带
510
35
615

主视图

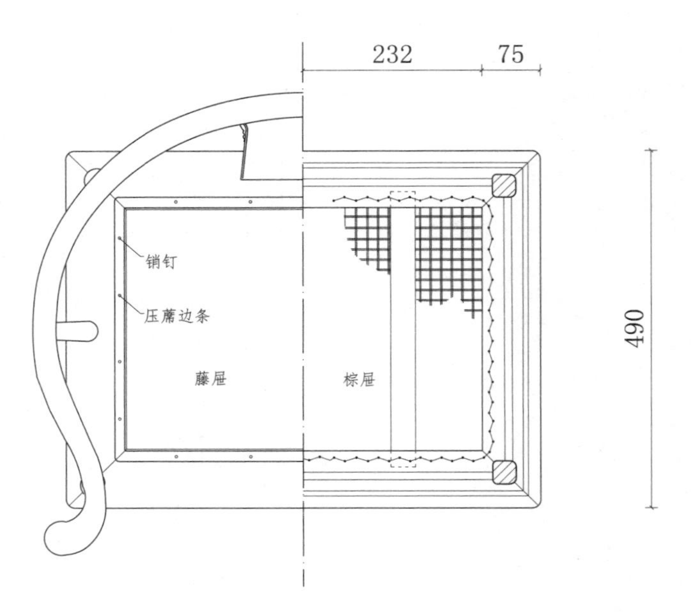
232
75
490
销钉
压蓆边条
藤屉
棕屉

俯视图

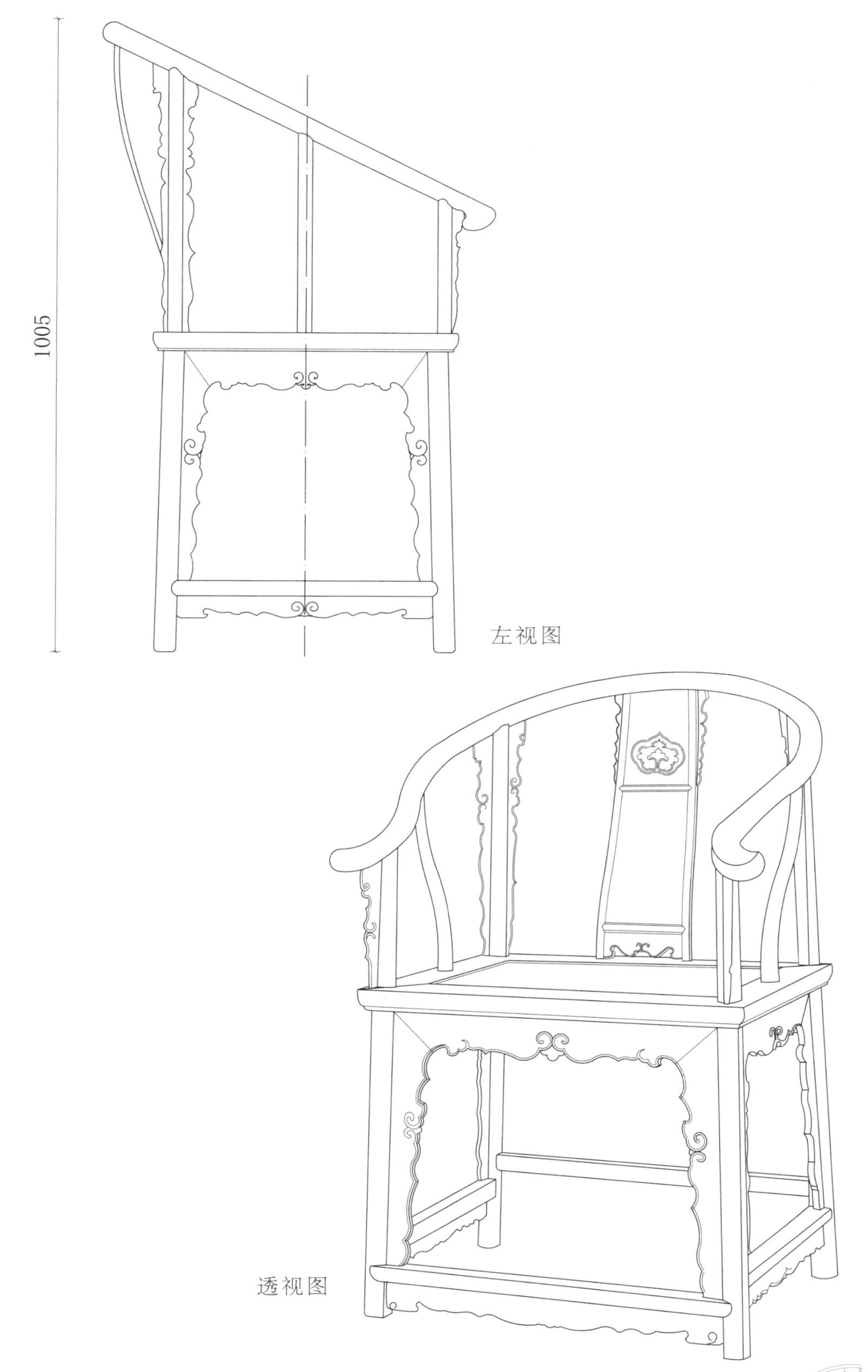
1005
左视图
透视图

黄花梨麒麟纹圈椅

名称：黄花梨麒麟纹圈椅

年代：明代

尺寸：高103厘米、长59.5厘米、宽49厘米

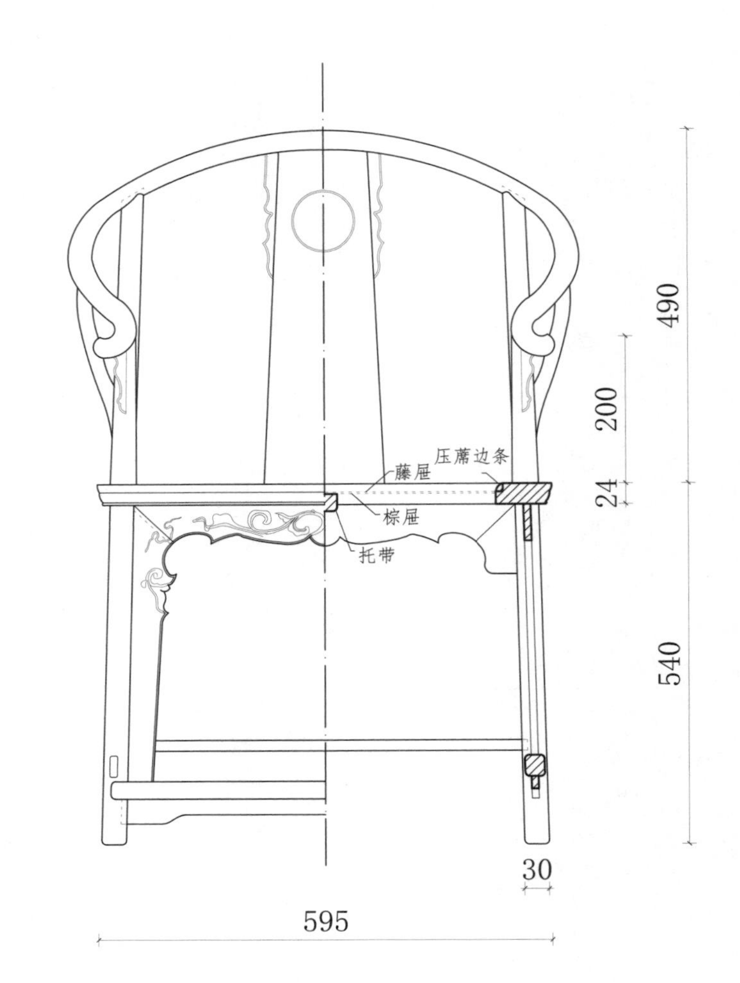

490
200
24
540
压蓆边条
藤屉
棕屉
托带
30
595

主视图

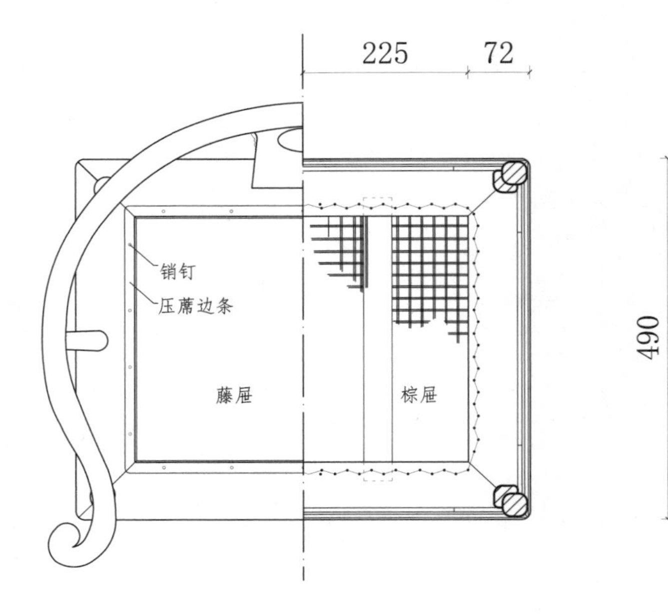

225
72
490
销钉
压蓆边条
藤屉
棕屉

俯视图

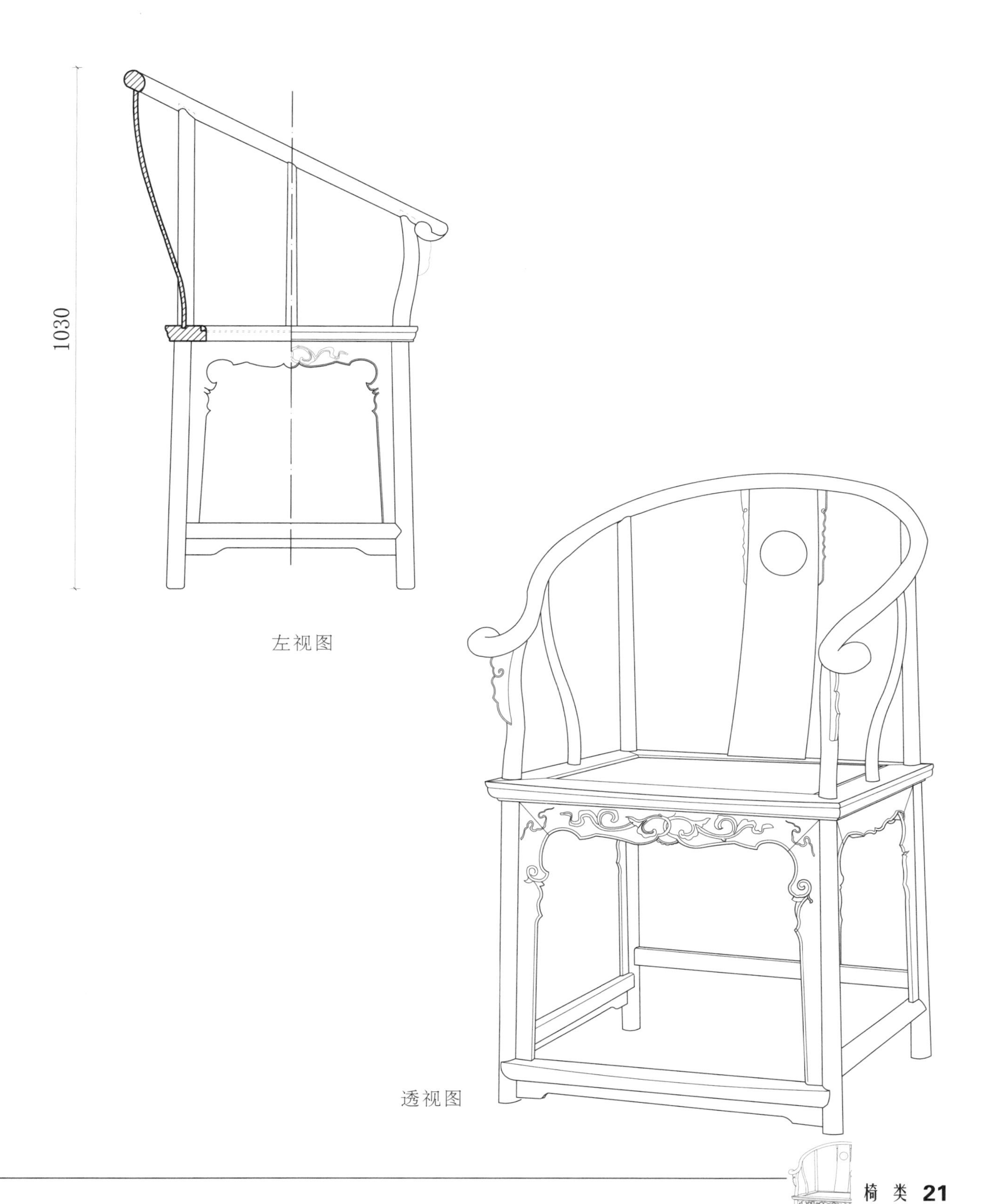
1030

左视图

透视图

紫檀藤心矮圈椅

名称：紫檀藤心矮圈椅
年代：明代
尺寸：高58厘米、长59厘米、宽37厘米

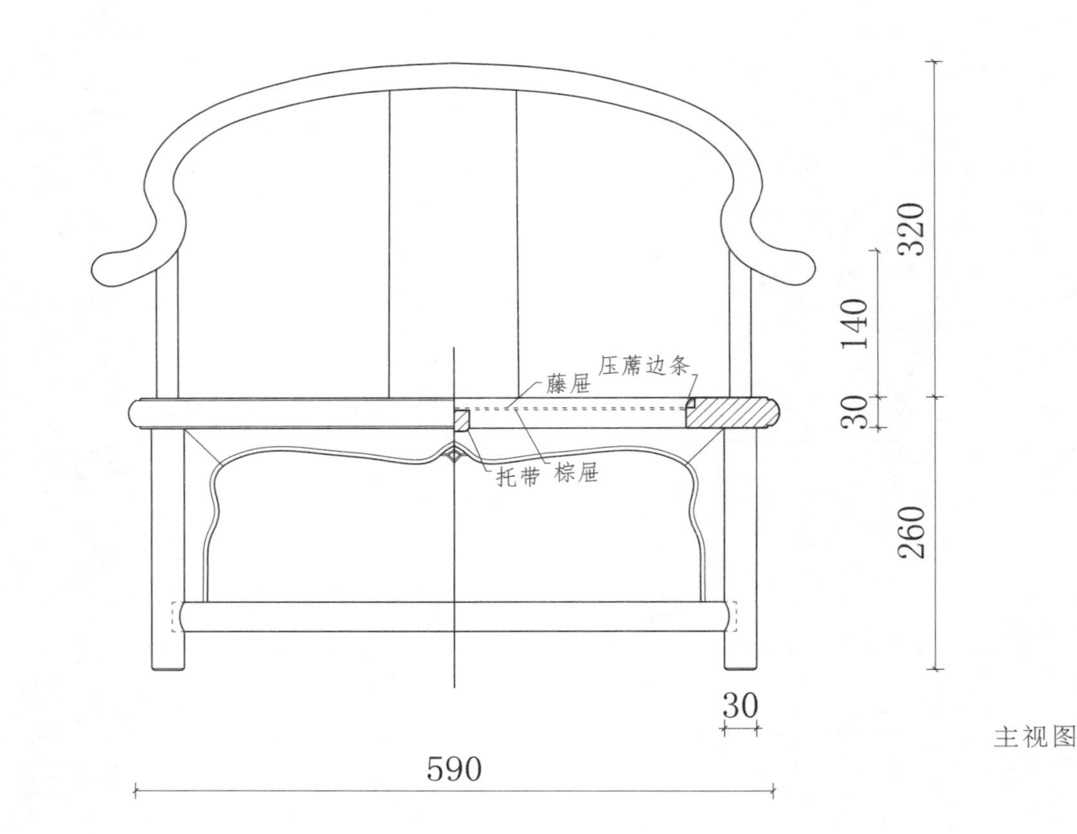
压席边条
藤屉
托带
棕屉
320
140
30
260
30
590

主视图

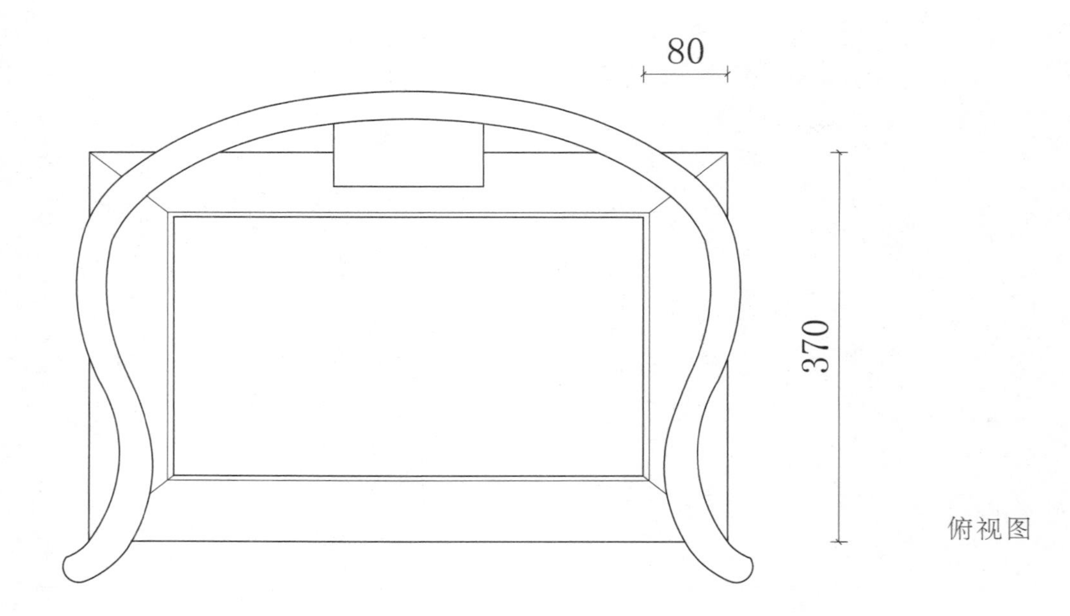
80
370

俯视图

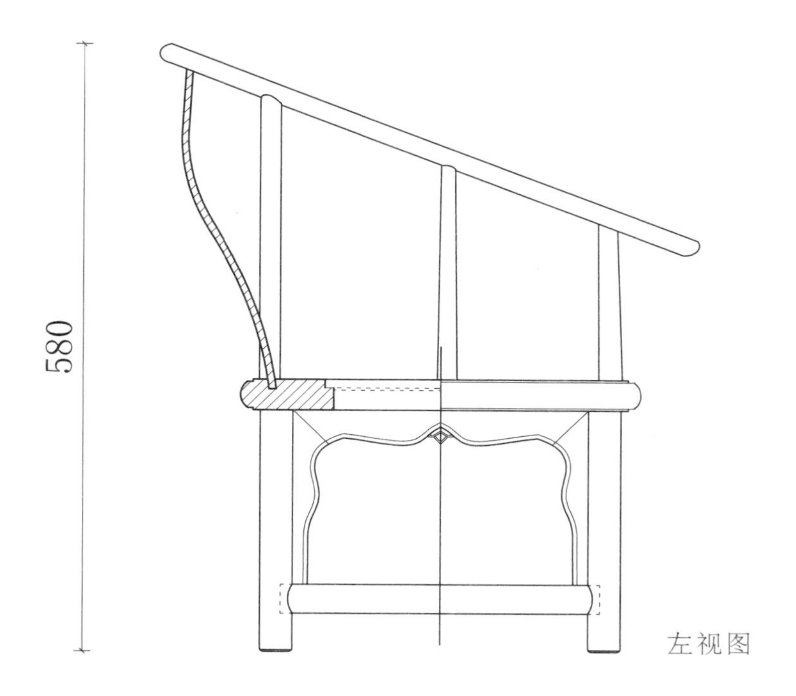
580
左视图

透视图

黄花梨卷书式圈椅

名称：黄花梨卷书式圈椅

年代：明代

尺寸：高 101 厘米、长 73 厘米、宽 59 厘米

藤屉 压席边条 托带 棕屉

500 140 30 510 35 730

主视图

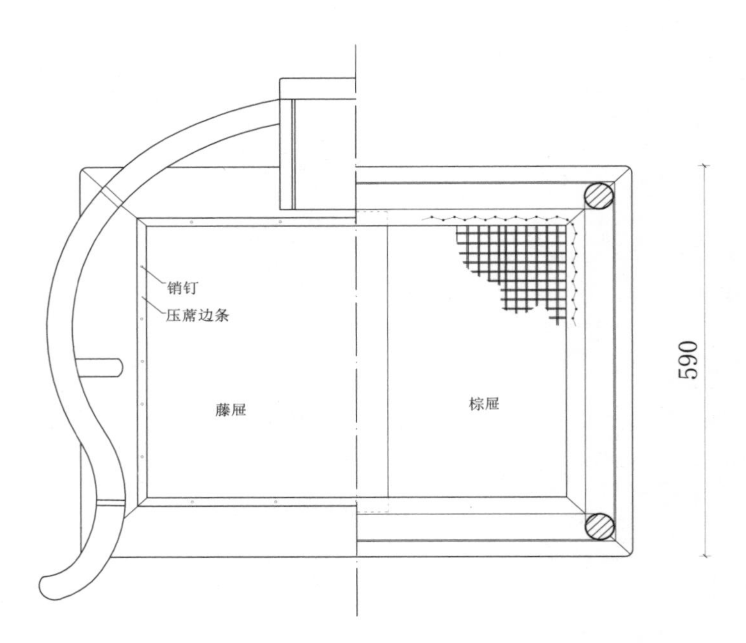
销钉
压席边条
藤屉
棕屉
590

俯视图

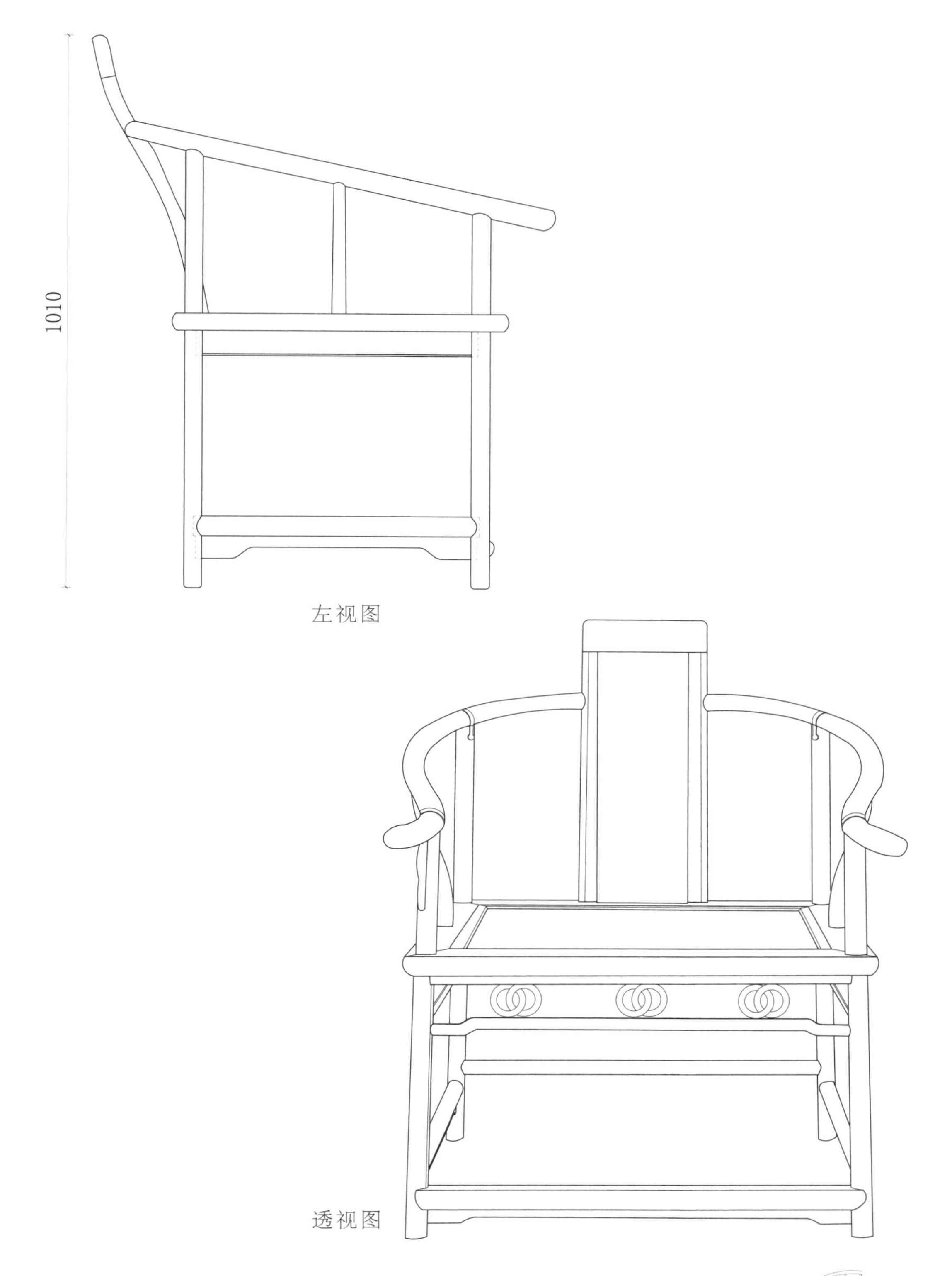
1010

左视图

透视图

紫檀寿字八宝纹圈椅

名称：紫檀寿字八宝纹圈椅
年代：明代
尺寸：高91厘米、长62.5厘米、宽69厘米

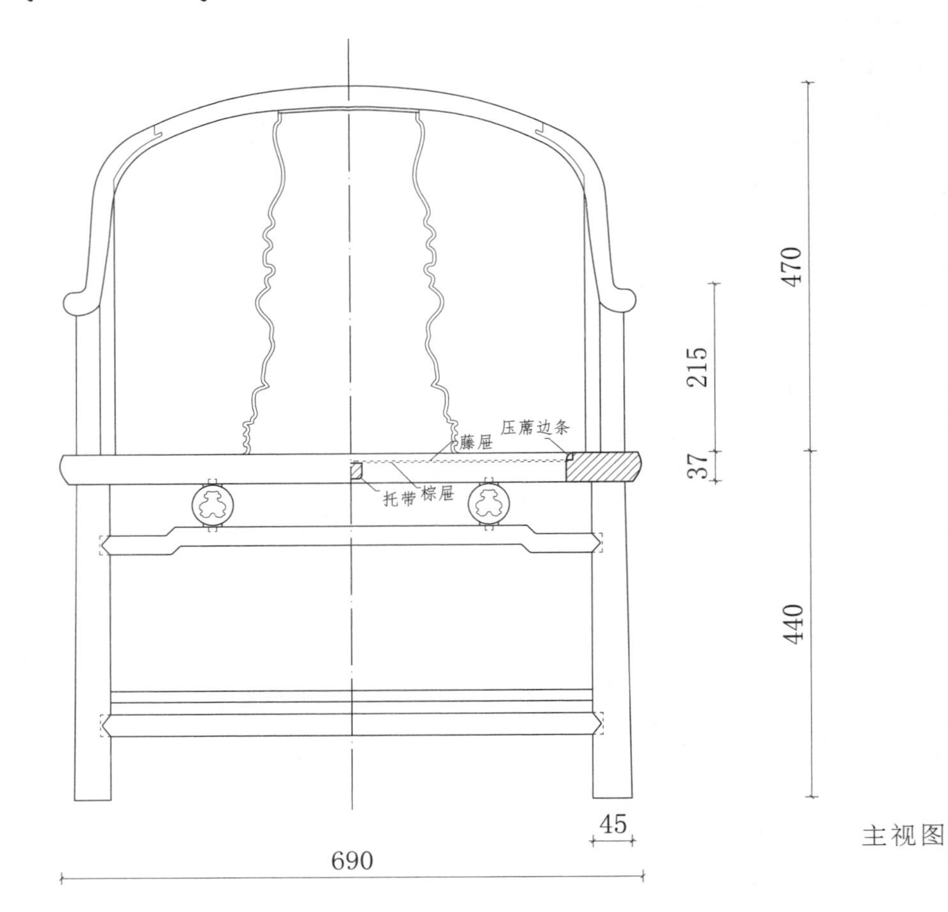

压席边条
藤屉
托带
棕屉
470
215
37
440
45
690

主视图

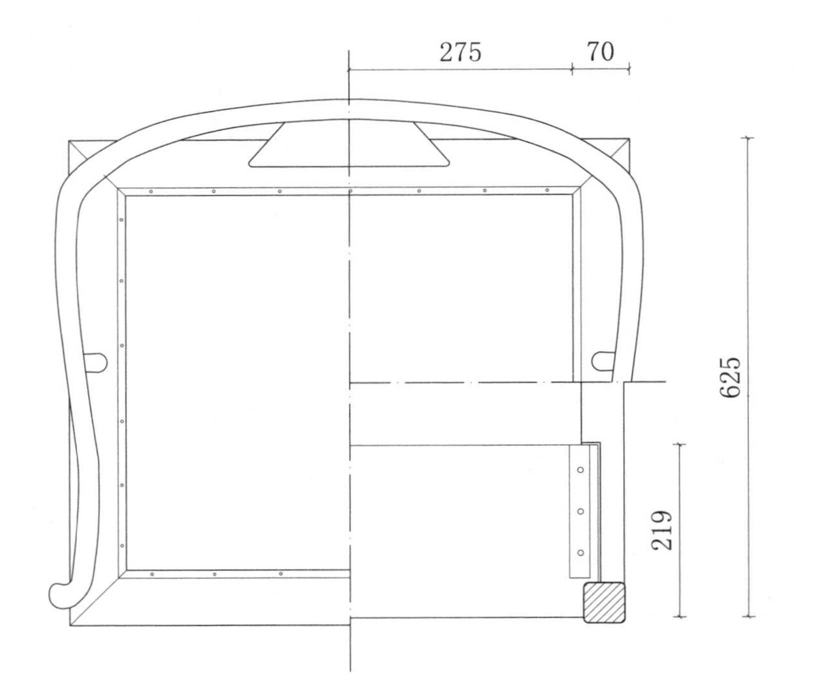

275
70
625
219

俯视图

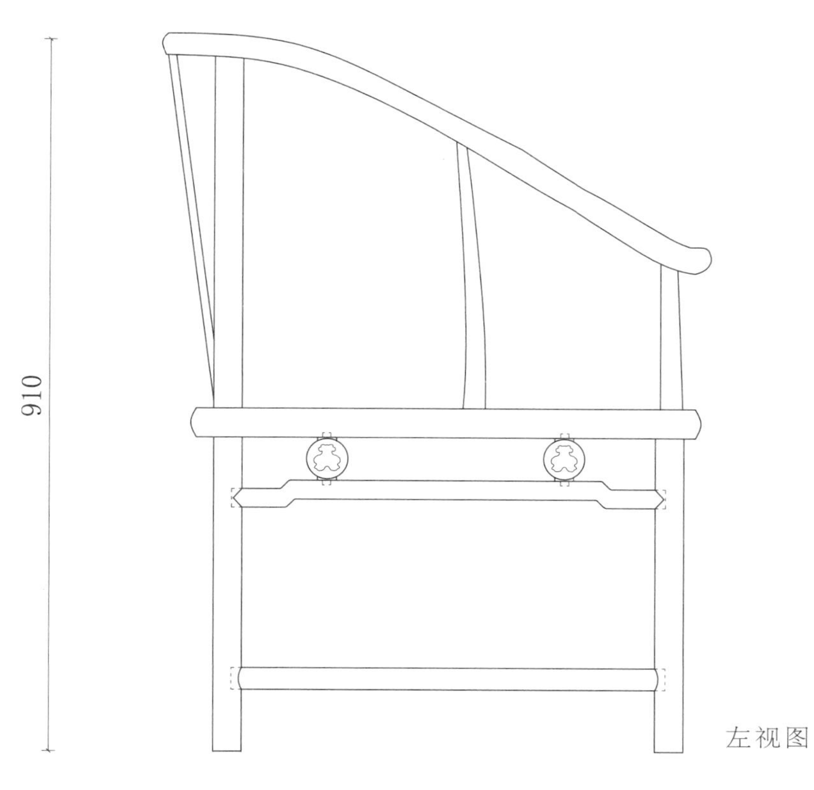
910
左视图

透视图

黄花梨六方扶手椅

名称：黄花梨六方扶手椅

年代：明代

尺寸：高83厘米、长78厘米、宽55厘米

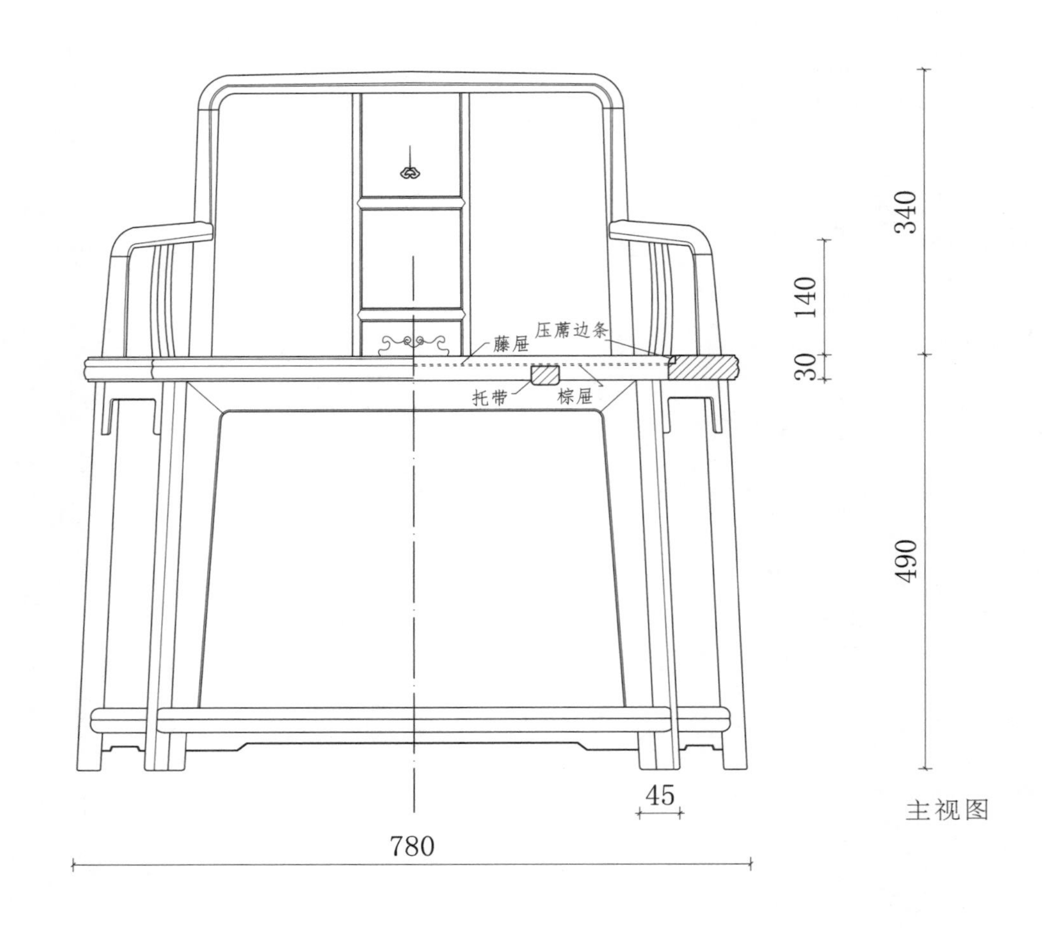
压席边条
藤屉
托带
棕屉
340
140
30
490
45
780

主视图

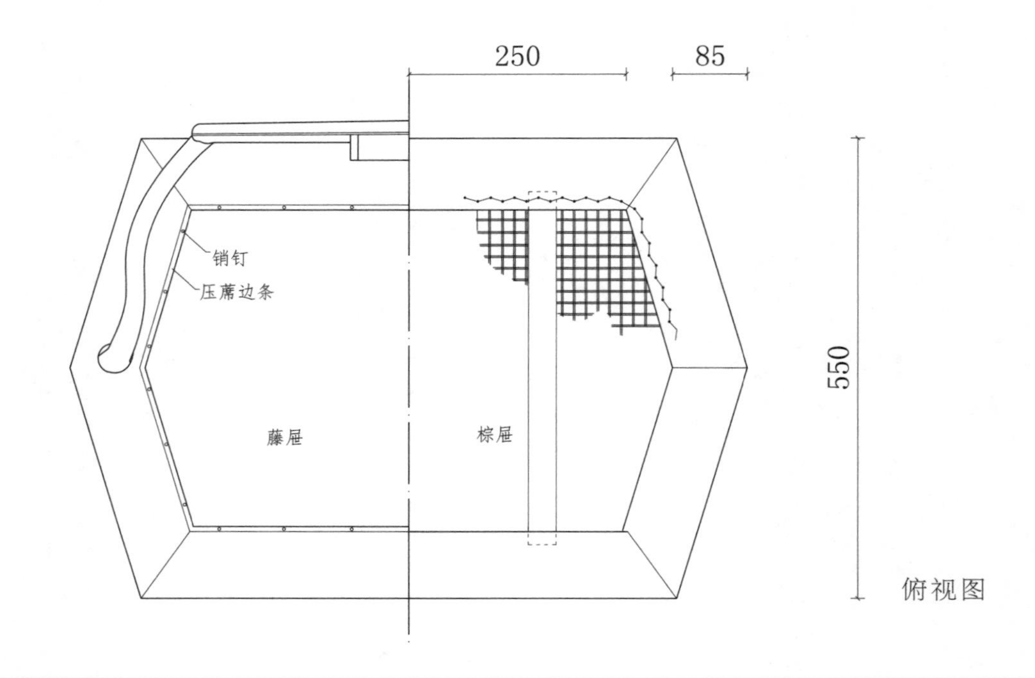
250
85
销钉
压席边条
藤屉
棕屉
550

俯视图

透视图

黄花梨四出头官帽椅

名称：黄花梨四出头官帽椅

年代：明代

尺寸：高 120 厘米、长 59.5 厘米、宽 47.5 厘米

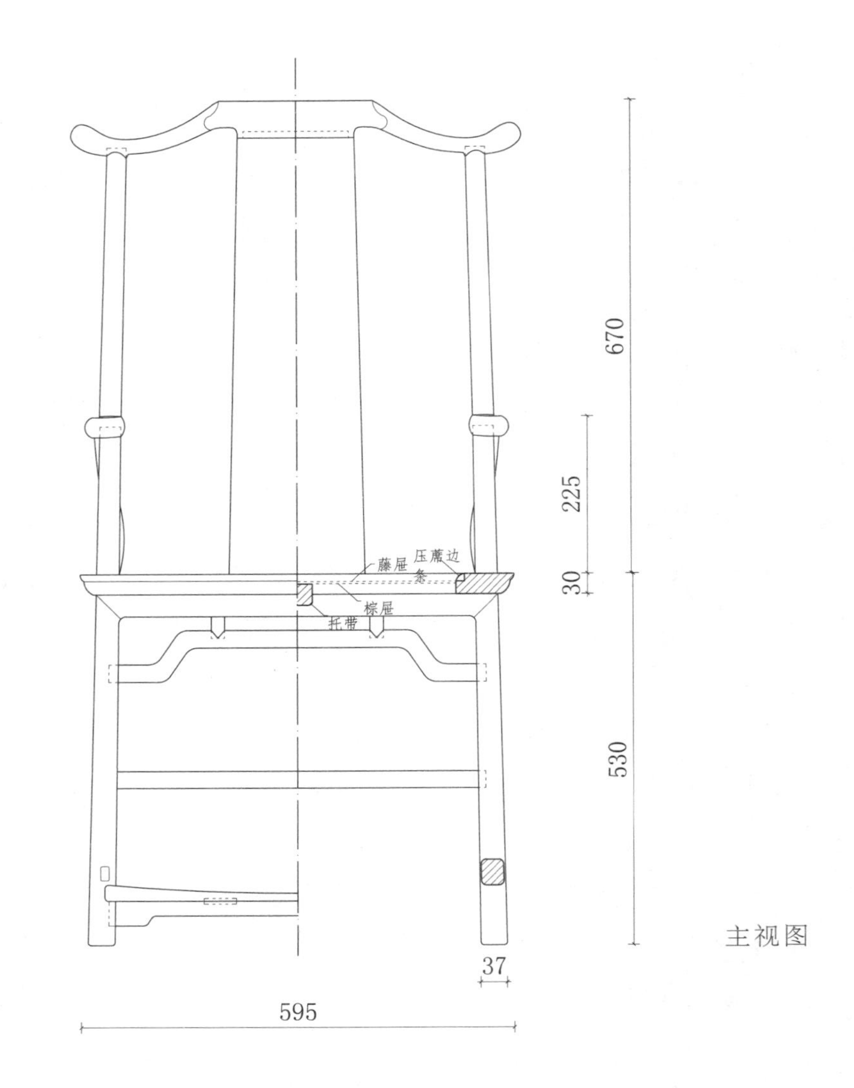

670
225
30
530
37
595
藤屉
压席边条
棕屉
托带

主视图

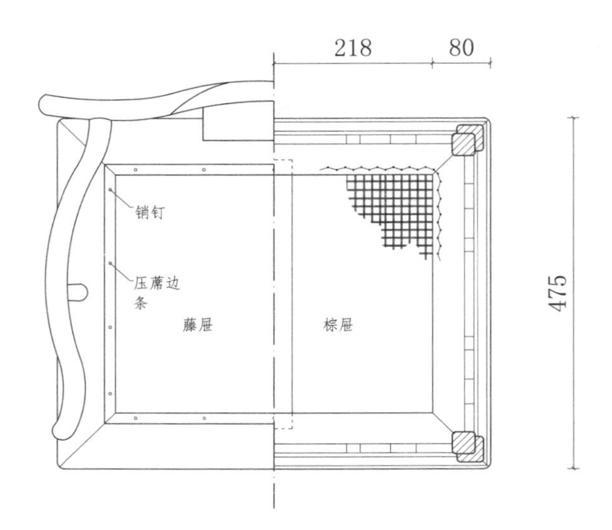

218
80
475
销钉
压席边条
藤屉
棕屉

俯视图

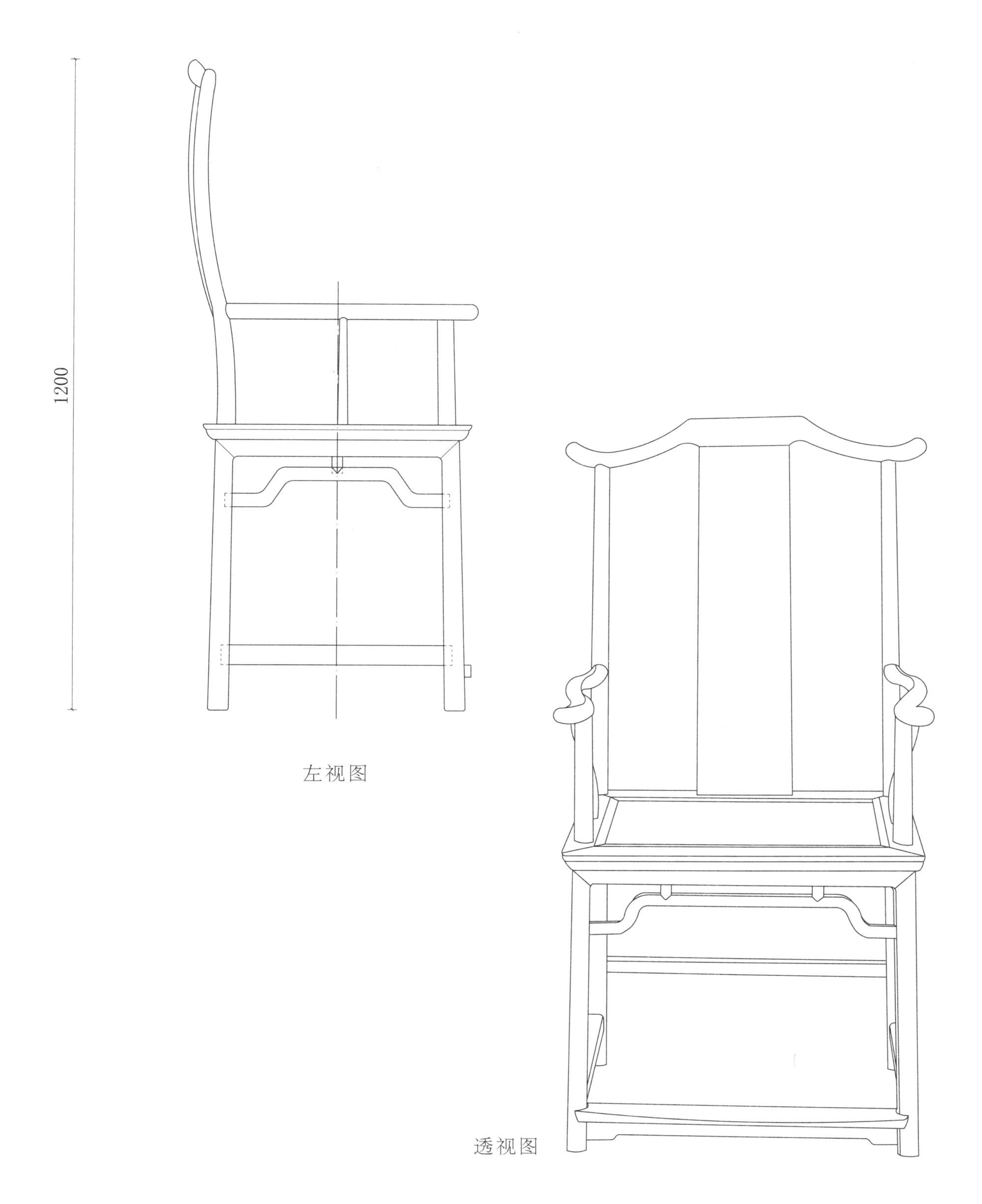
1200

左视图

透视图

黄花梨凸形亮脚扶手椅

名称：黄花梨凸形亮脚扶手椅

年代：明代

尺寸：高105厘米、长65厘米、宽49.5厘米

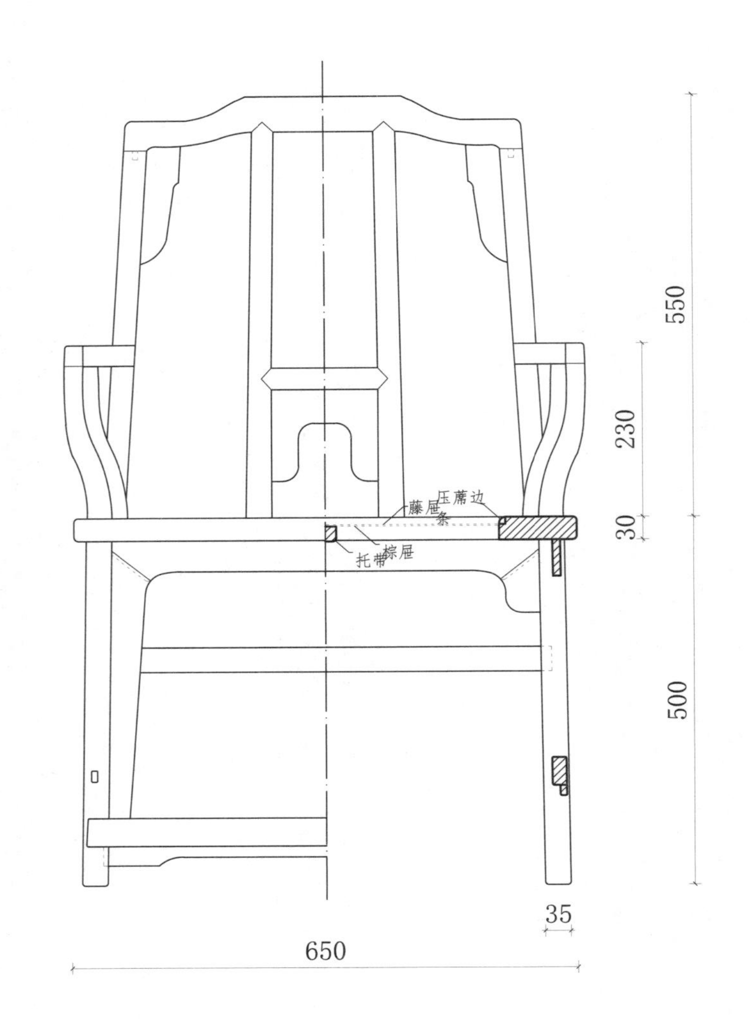
550
230
30
500
35
650
压席边条
藤屉
棕屉
托带

主视图

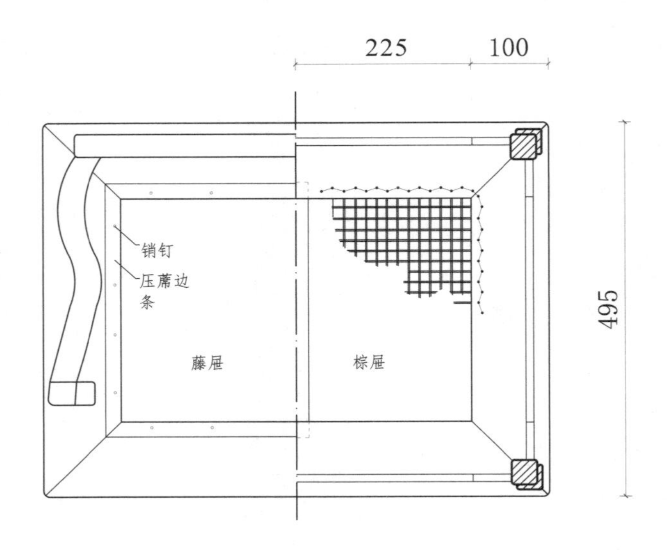
225
100
495
销钉
压席边条
藤屉
棕屉

俯视图

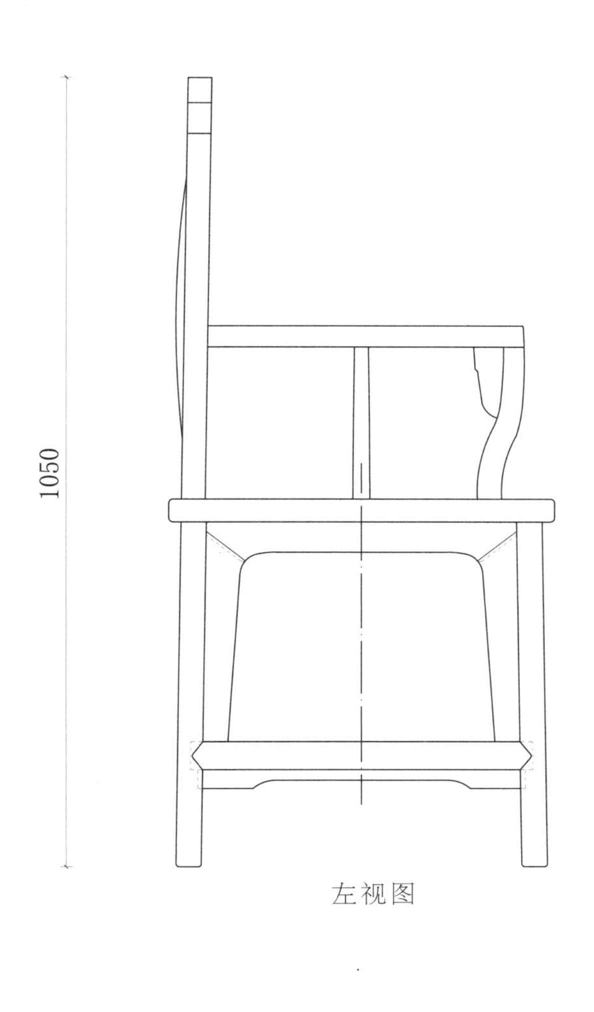
1050

左视图

透视图

黄花梨螭纹扶手椅

名称：黄花梨螭纹扶手椅
年代：明代
尺寸：高97.5厘米、长60厘米、宽46厘米

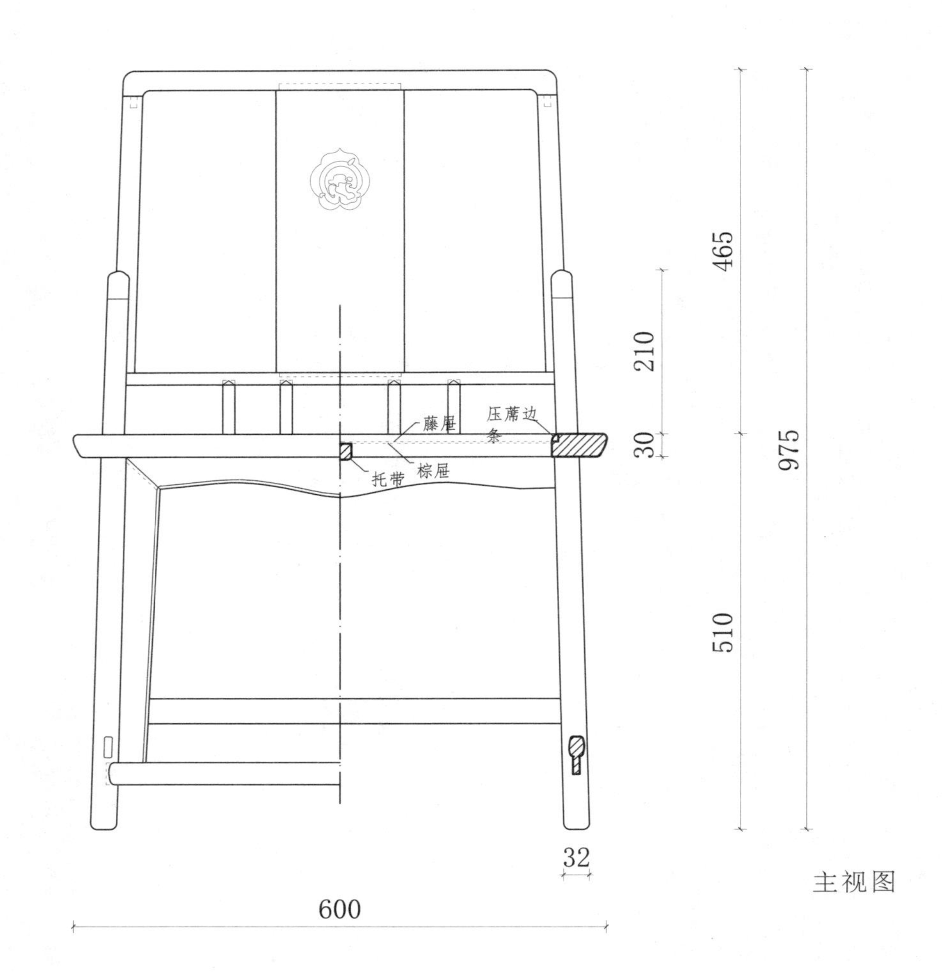
465
210
30
975
510
藤屉
压席边条
托带
棕屉
32
600

主视图

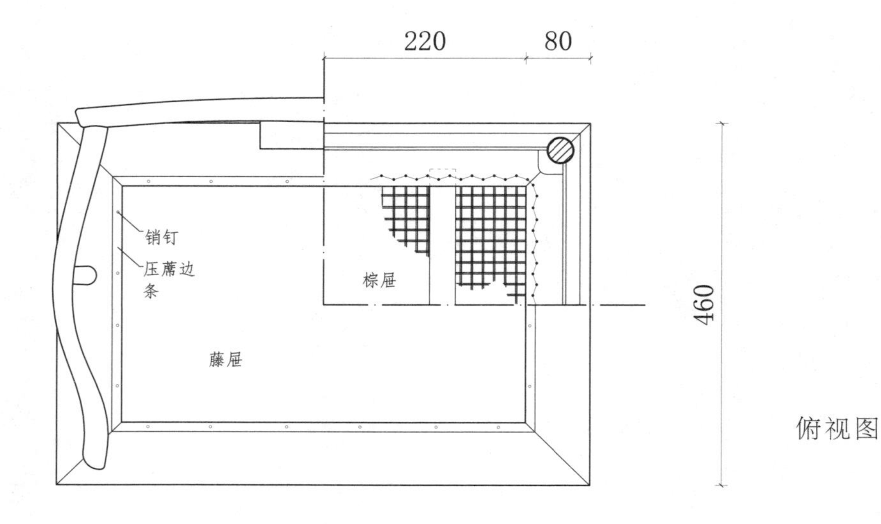
220
80
销钉
压席边条
棕屉
藤屉
460

俯视图

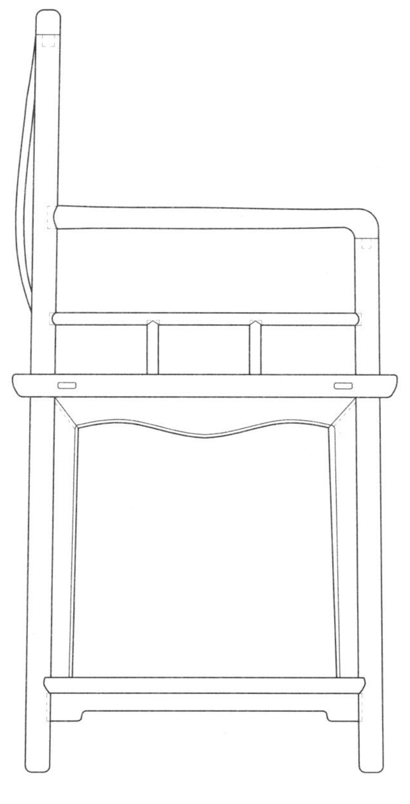

左视图

透视图

黑漆扶手椅

名称：黑漆扶手椅
年代：明代
尺寸：高98厘米、长58厘米、宽50厘米

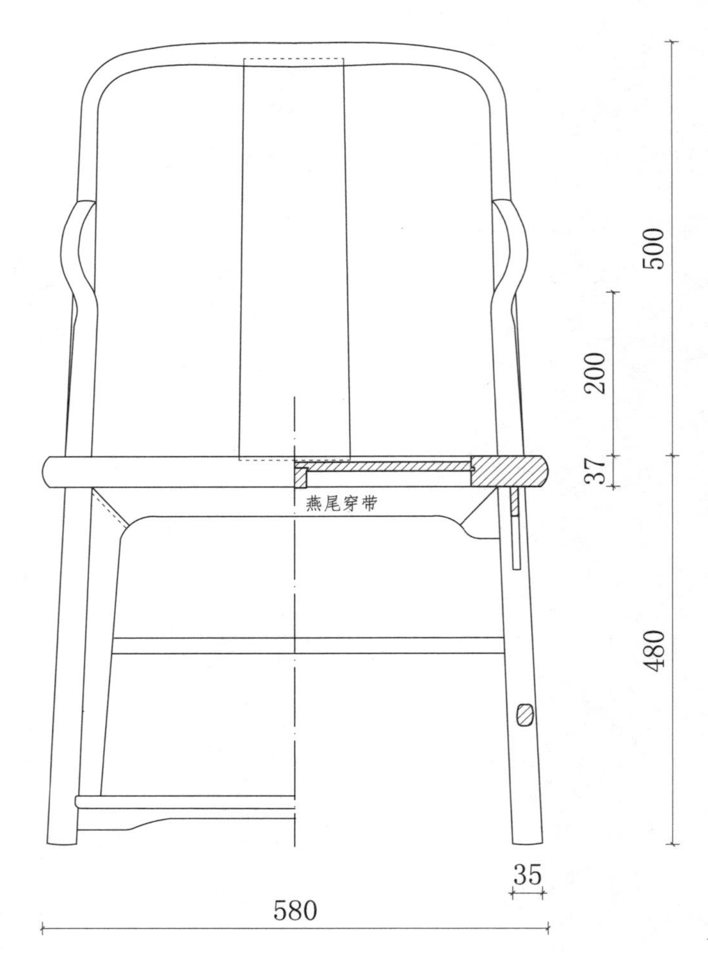
500
200
37
燕尾穿带
480
35
580

主视图

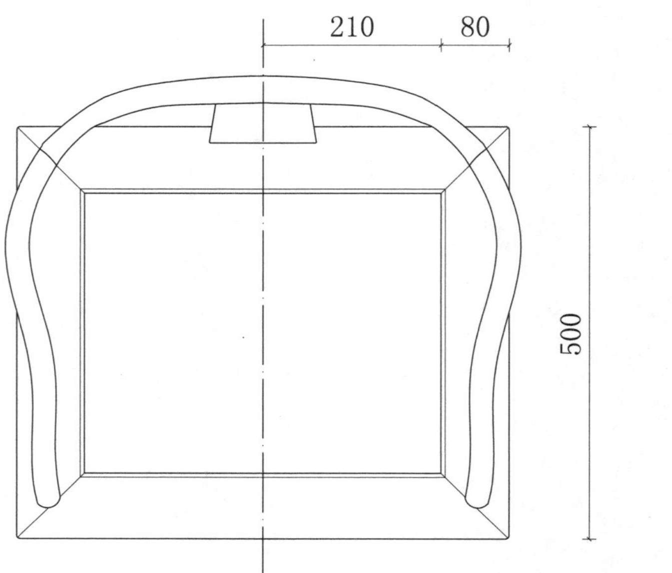
210
80
500

俯视图

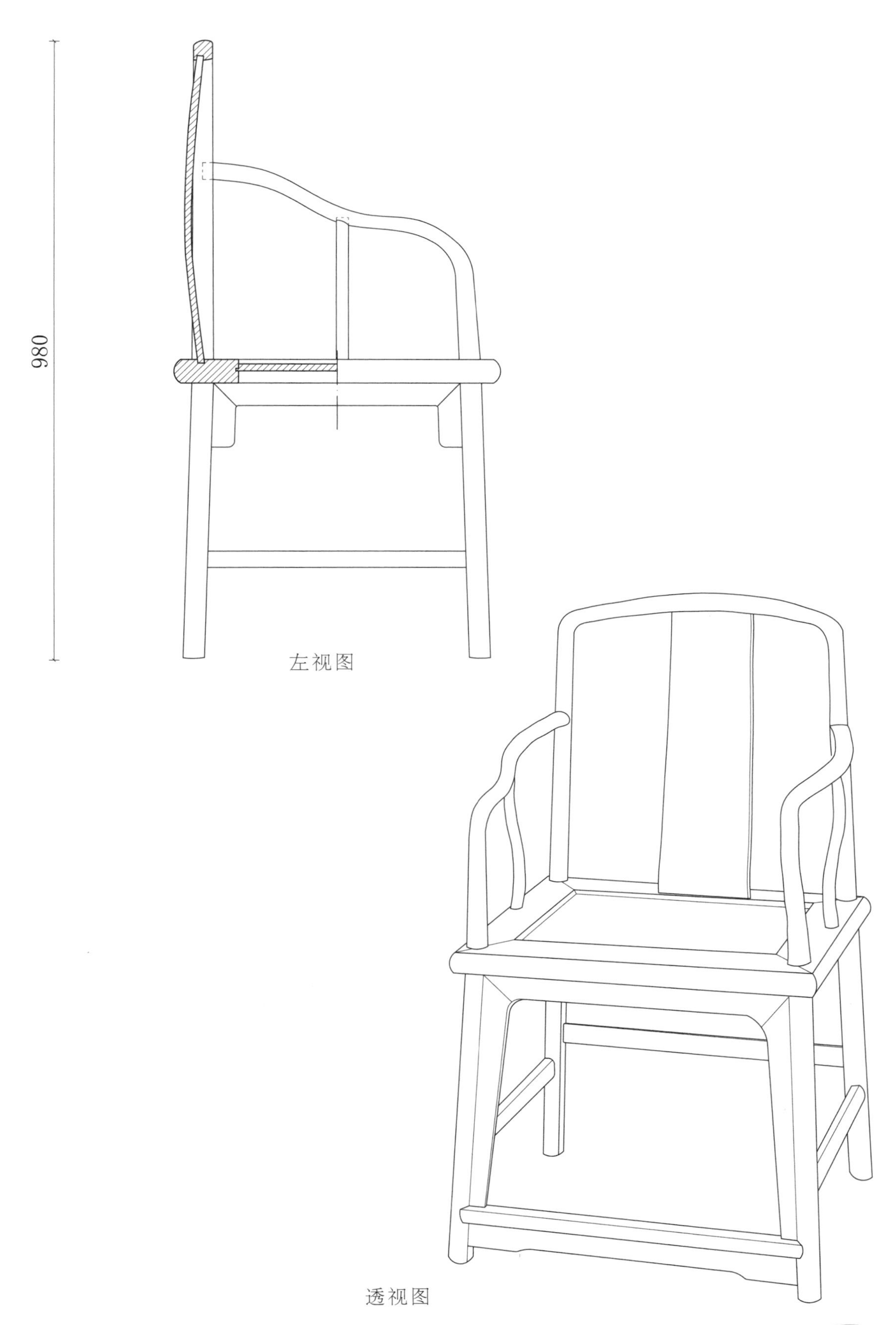
980

左视图

透视图

黄花梨寿字纹扶手椅

名称：黄花梨寿字纹扶手椅
年代：明代
尺寸：高109厘米、长60厘米、宽46.5厘米

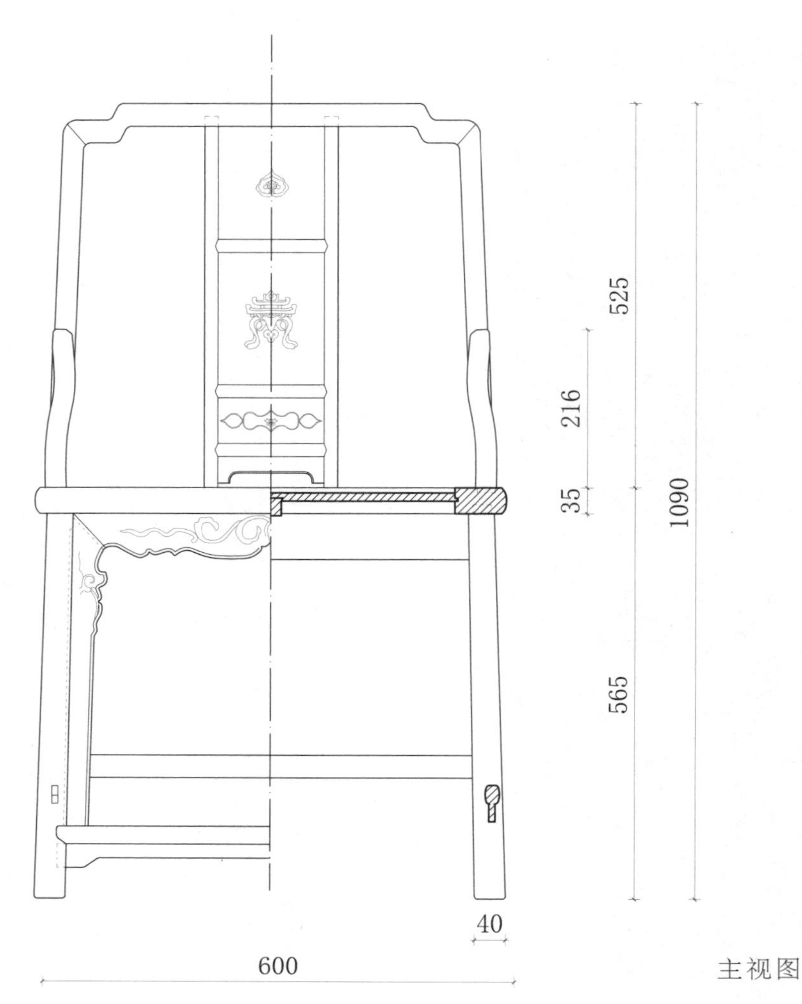

525
216
35
1090
565
40
600

主视图

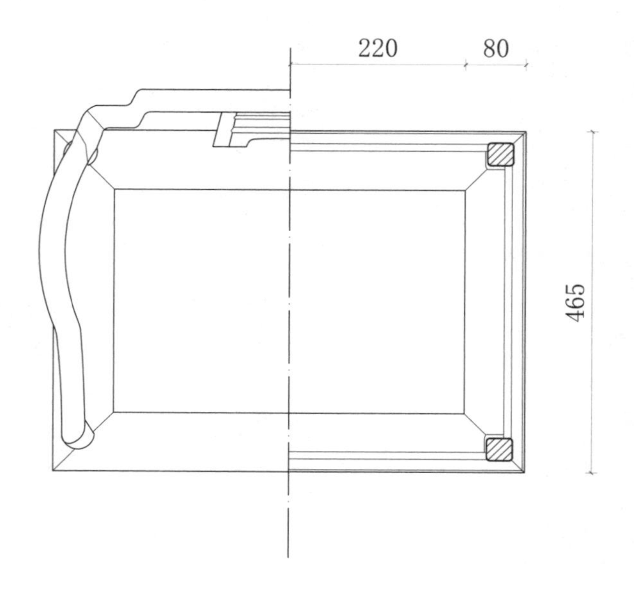

220
80
465

俯视图

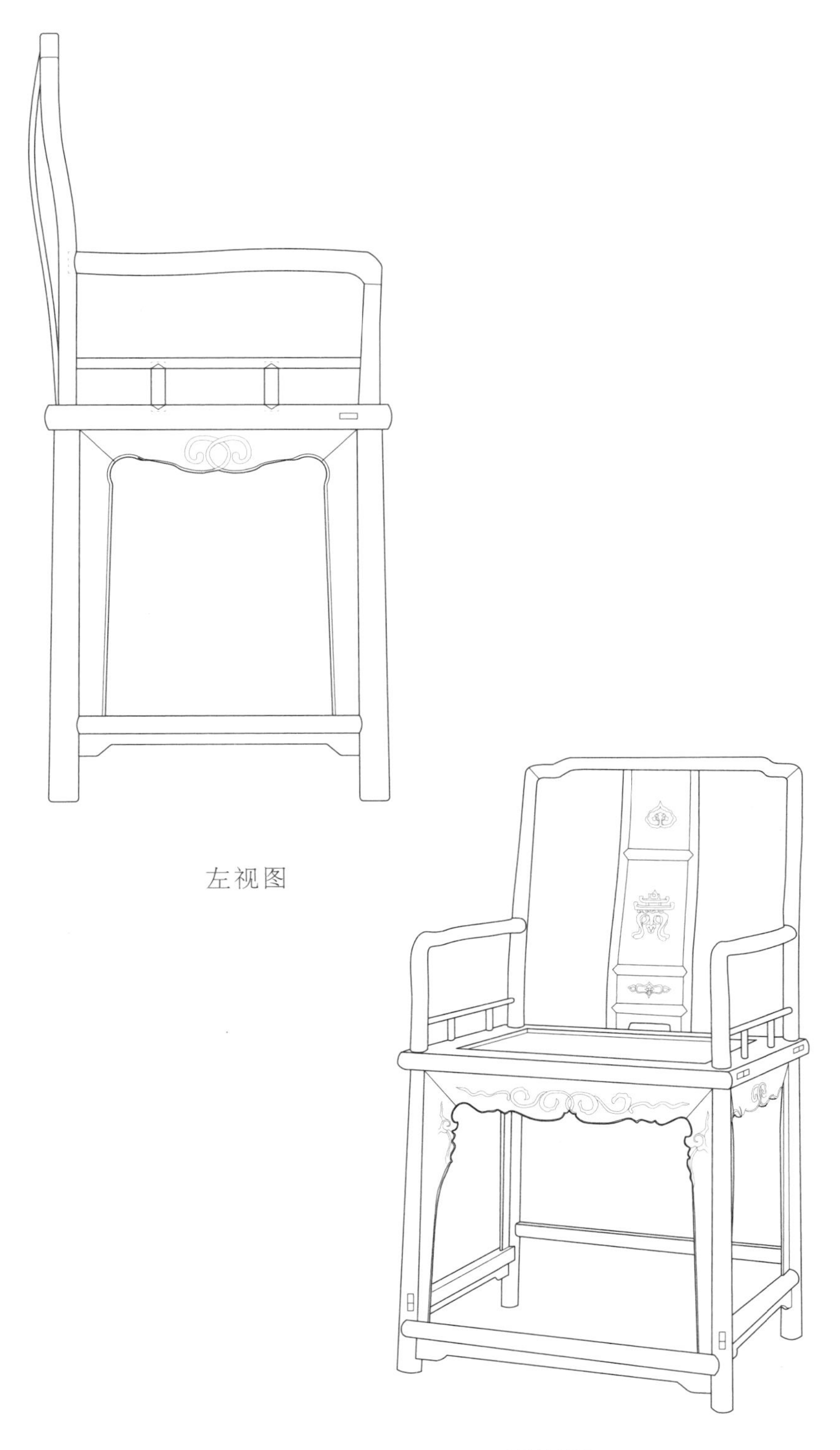

左视图

透视图

紫檀云纹藤心扶手椅

名称：紫檀云纹藤心扶手椅
年代：清代早期（清宫旧藏）
尺寸：高 91 厘米、长 54.5 厘米、宽 43.5 厘米

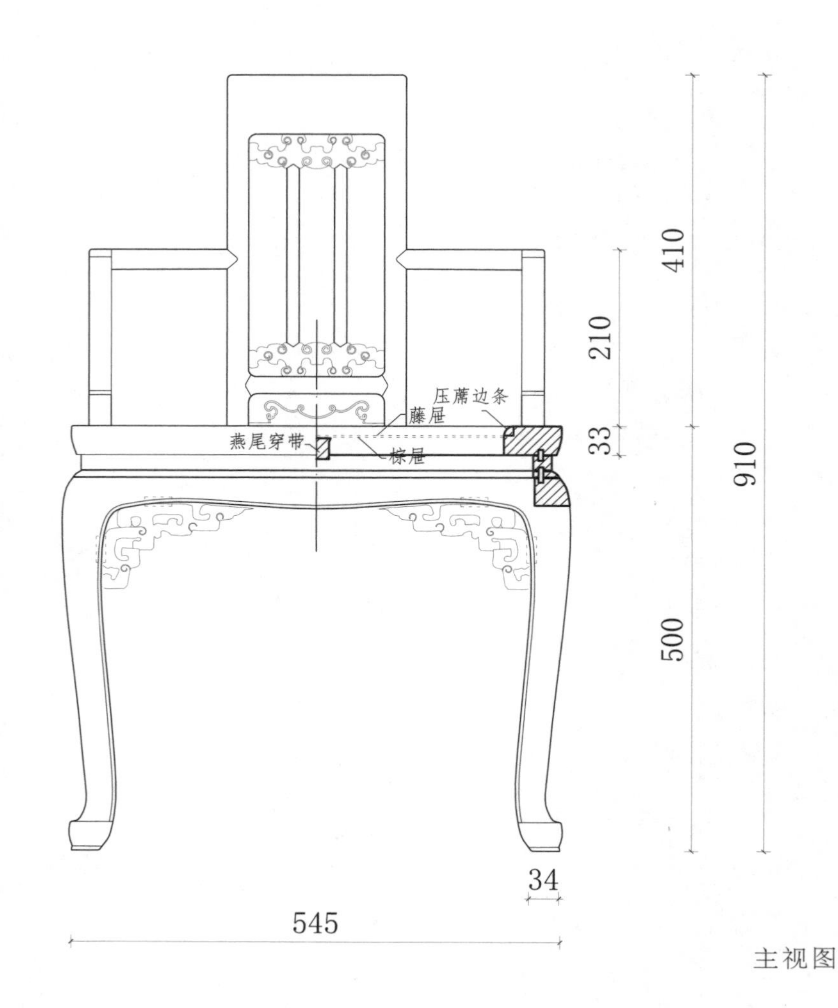

410
210
33
910
500
34
545
压席边条
藤屉
燕尾穿带
棕屉

主视图

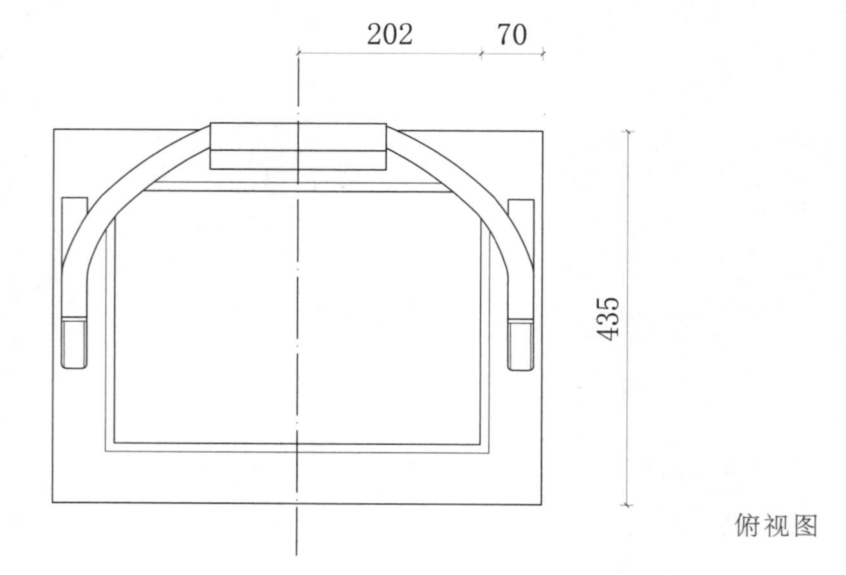

202
70
435

俯视图

透视图

花梨藤心扶手椅

名称：花梨藤心扶手椅

年代：清代早期（清宫旧藏）

尺寸：高93厘米、长57.5厘米、宽44.5厘米

430
170
30
500
压席边条
藤屉
托带
棕屉
575

主视图

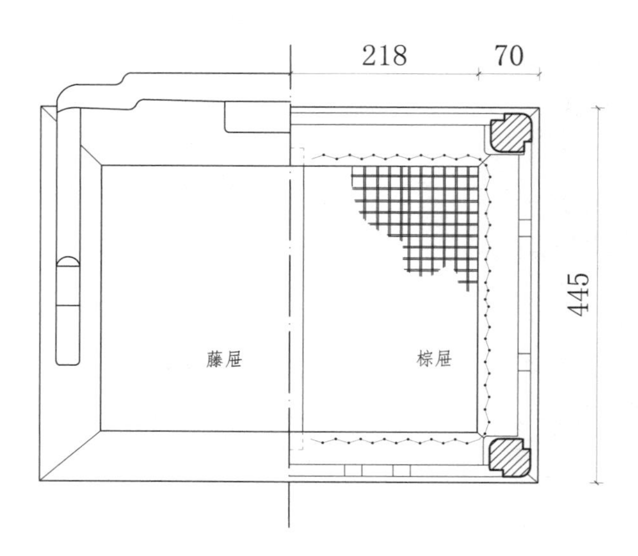
218
70
445
藤屉
棕屉

俯视图

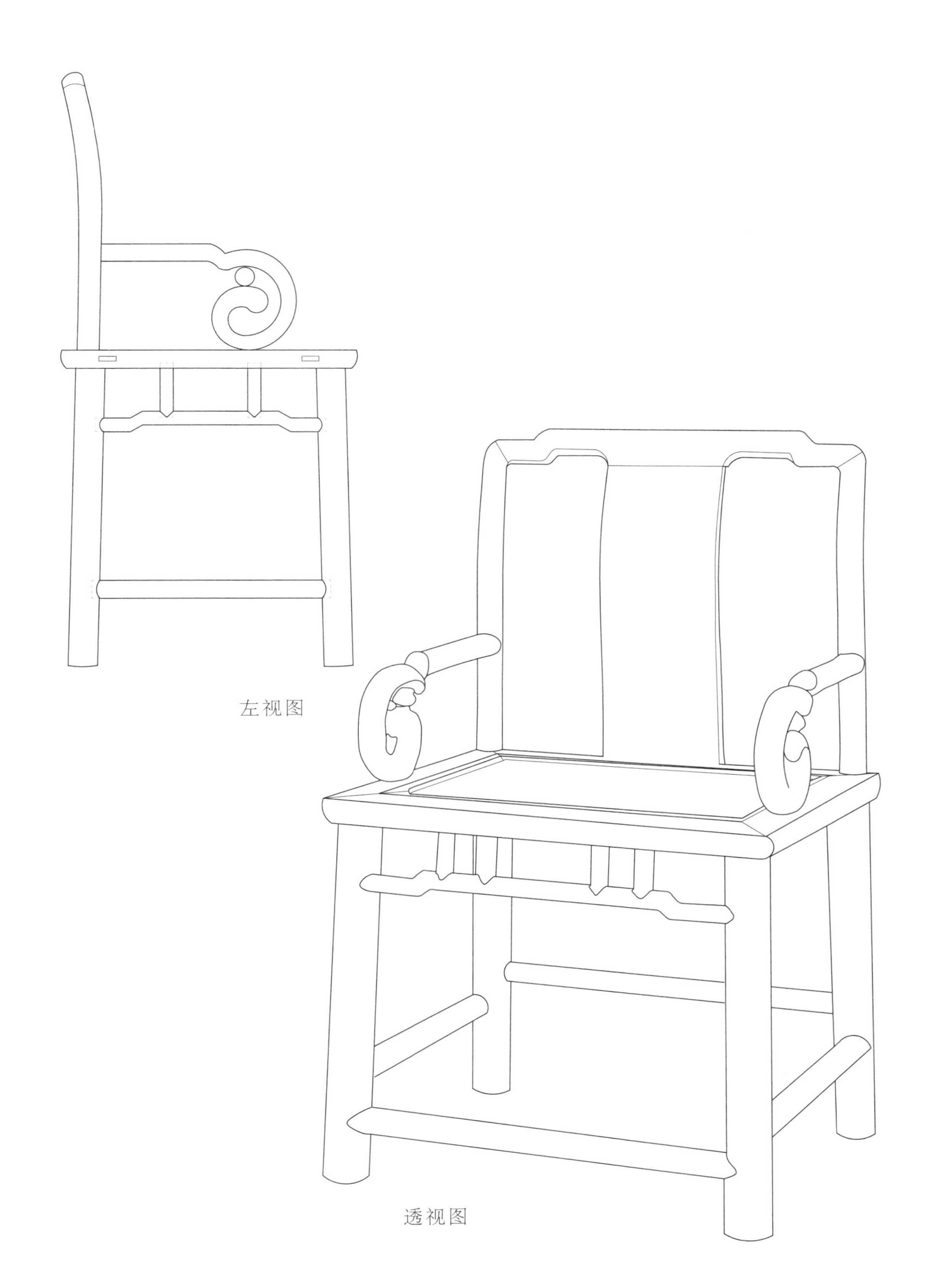

左视图

透视图

乌木七屏卷书式扶手椅

名称：乌木七屏卷书式扶手椅

年代：清代早期（清宫旧藏）

尺寸：高82.5厘米、长52厘米、宽41厘米

450

主视图

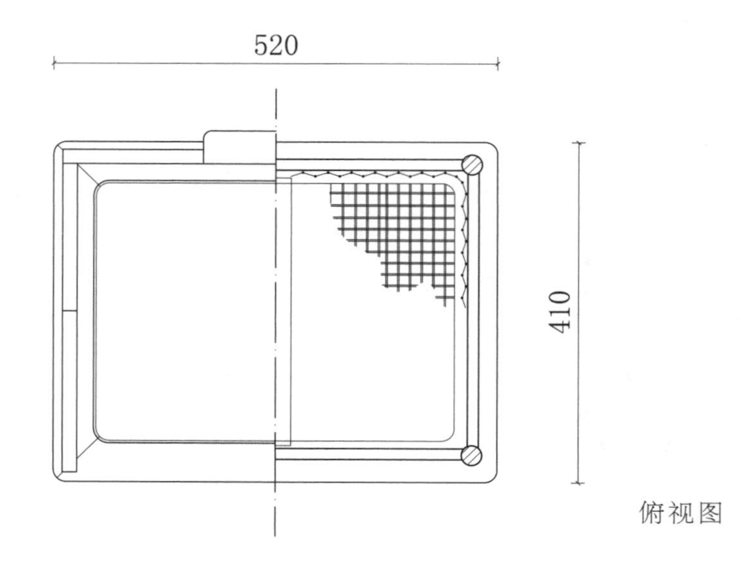
520
410

俯视图

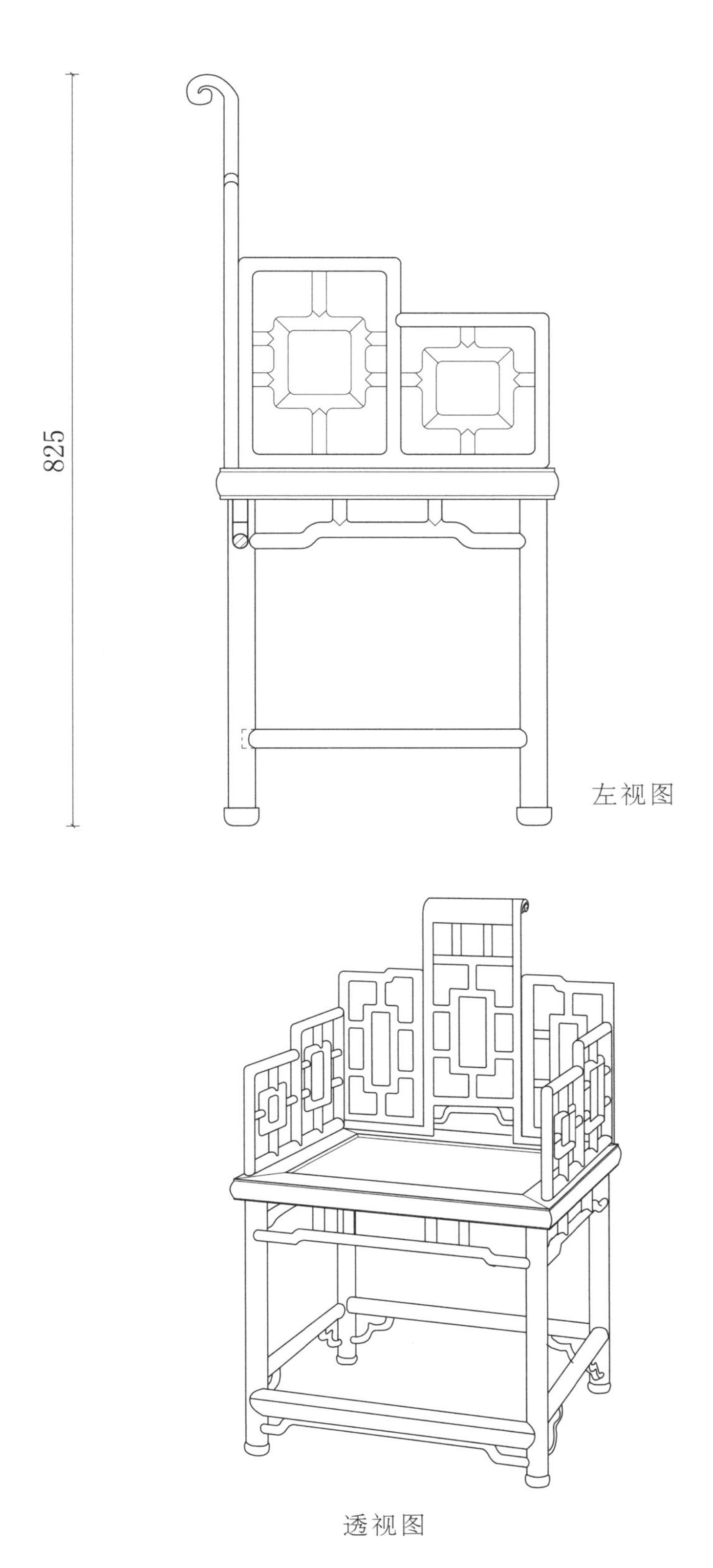
825

左视图

透视图

黄花梨卷草纹玫瑰椅

名称：黄花梨卷草纹玫瑰椅

年代：明代

尺寸：高 81.5 厘米、长 58 厘米、宽 46 厘米

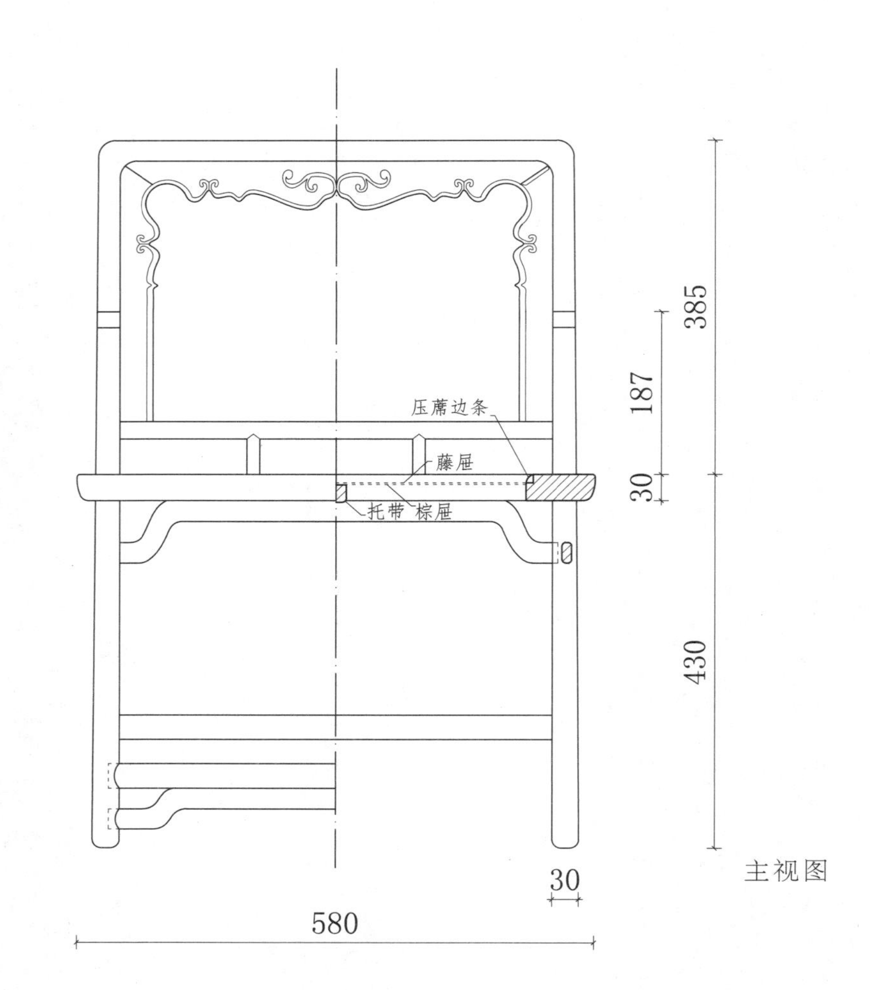
385
187
30
430
压蓆边条
藤屉
托带
棕屉
30
580

主视图

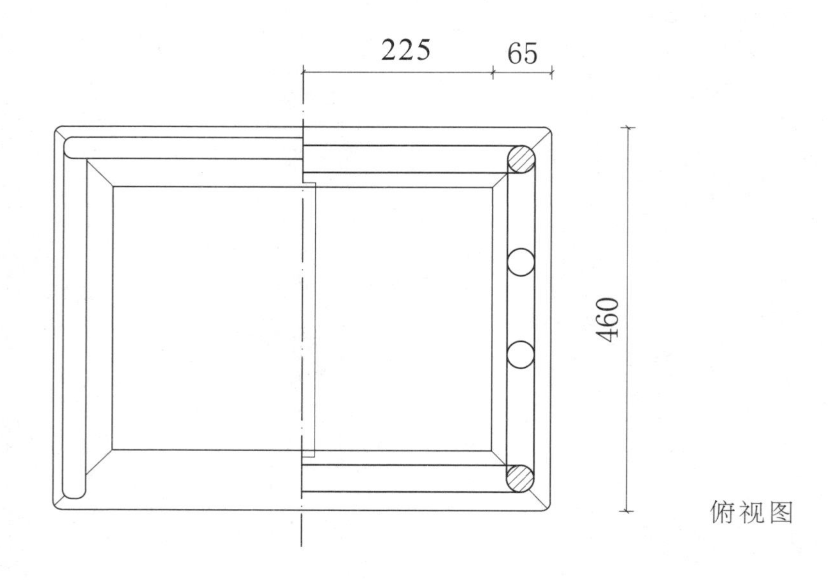
225
65
460

俯视图

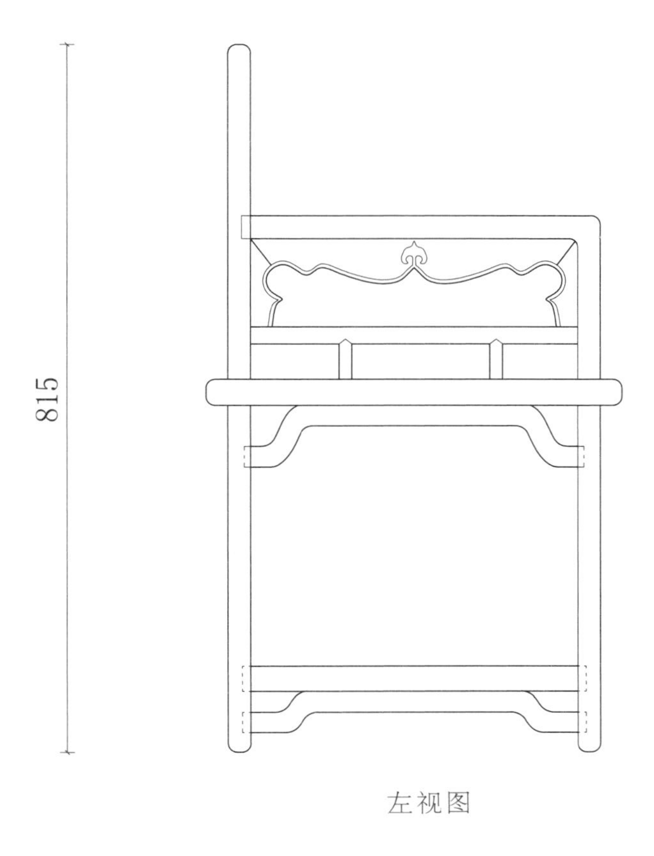
815

左视图

黄花梨六螭捧寿纹玫瑰椅

名称：黄花梨六螭捧寿纹玫瑰椅

年代：明代

尺寸：高 88 厘米、长 61 厘米、宽 46 厘米

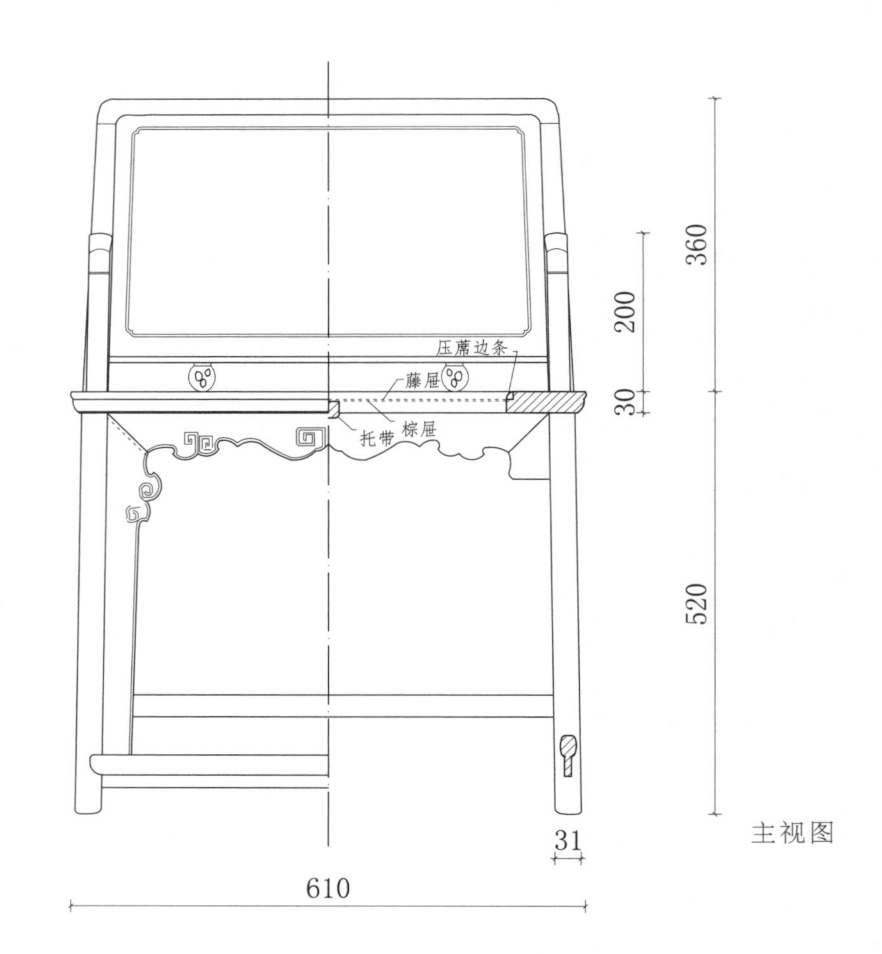

360
200
30
压席边条
藤屉
托带
棕屉
520
31
610

主视图

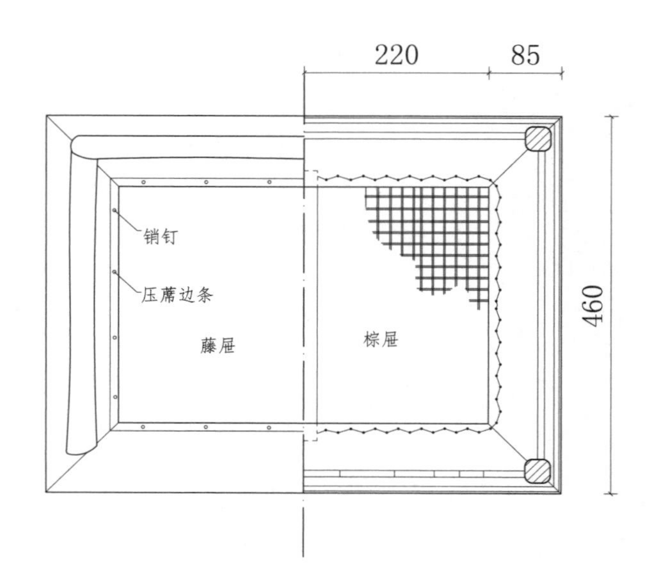

220
85
销钉
压席边条
藤屉
棕屉
460

俯视图

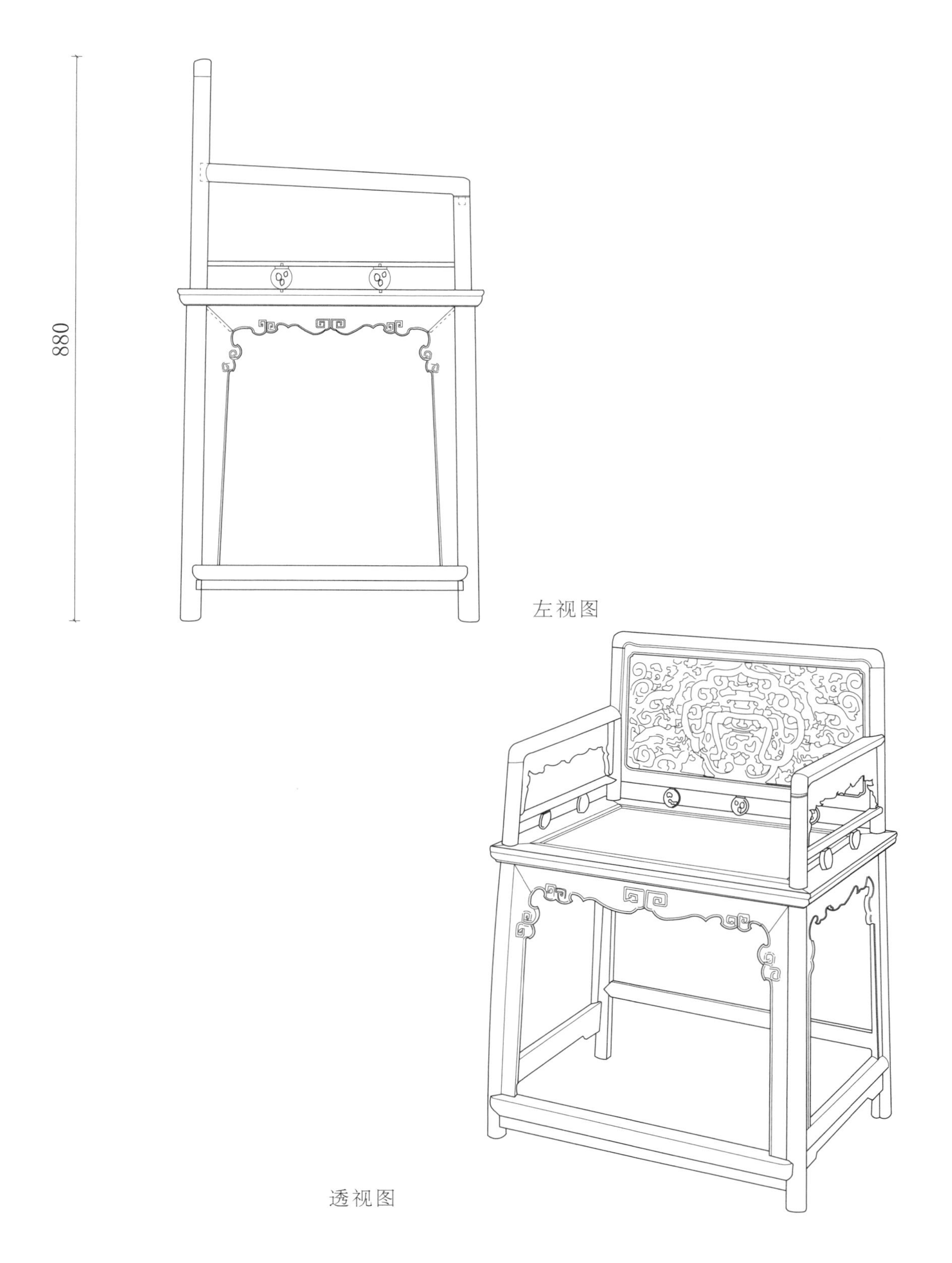
880

左视图

透视图

黄花梨双螭纹玫瑰椅

名称：黄花梨双螭纹玫瑰椅

年代：明代早期（清宫旧藏）

尺寸：高 80.5 厘米、长 58 厘米、宽 46 厘米

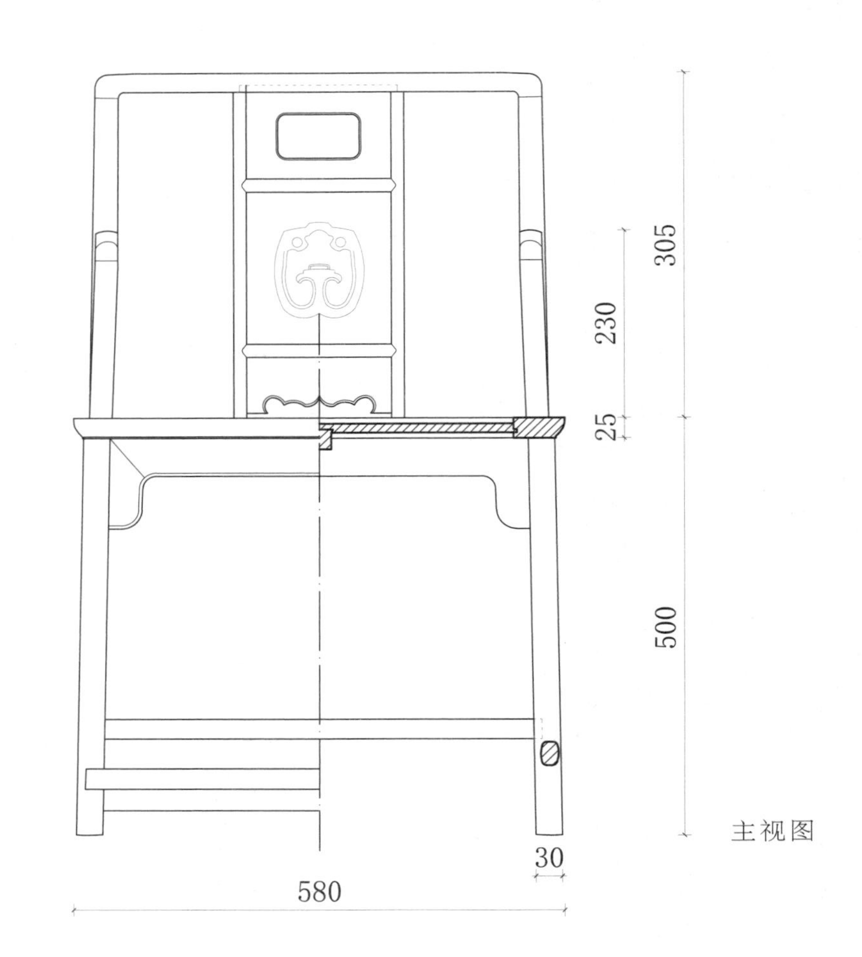
305
230
25
500
30
580

主视图

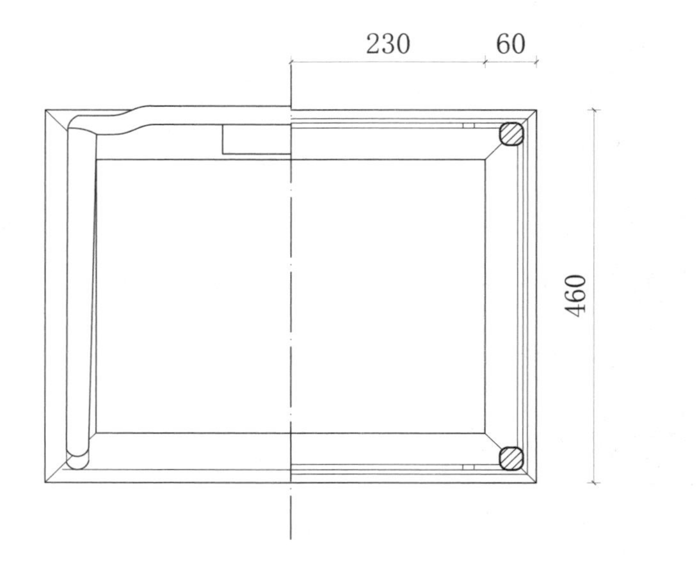
230
60
460

俯视图

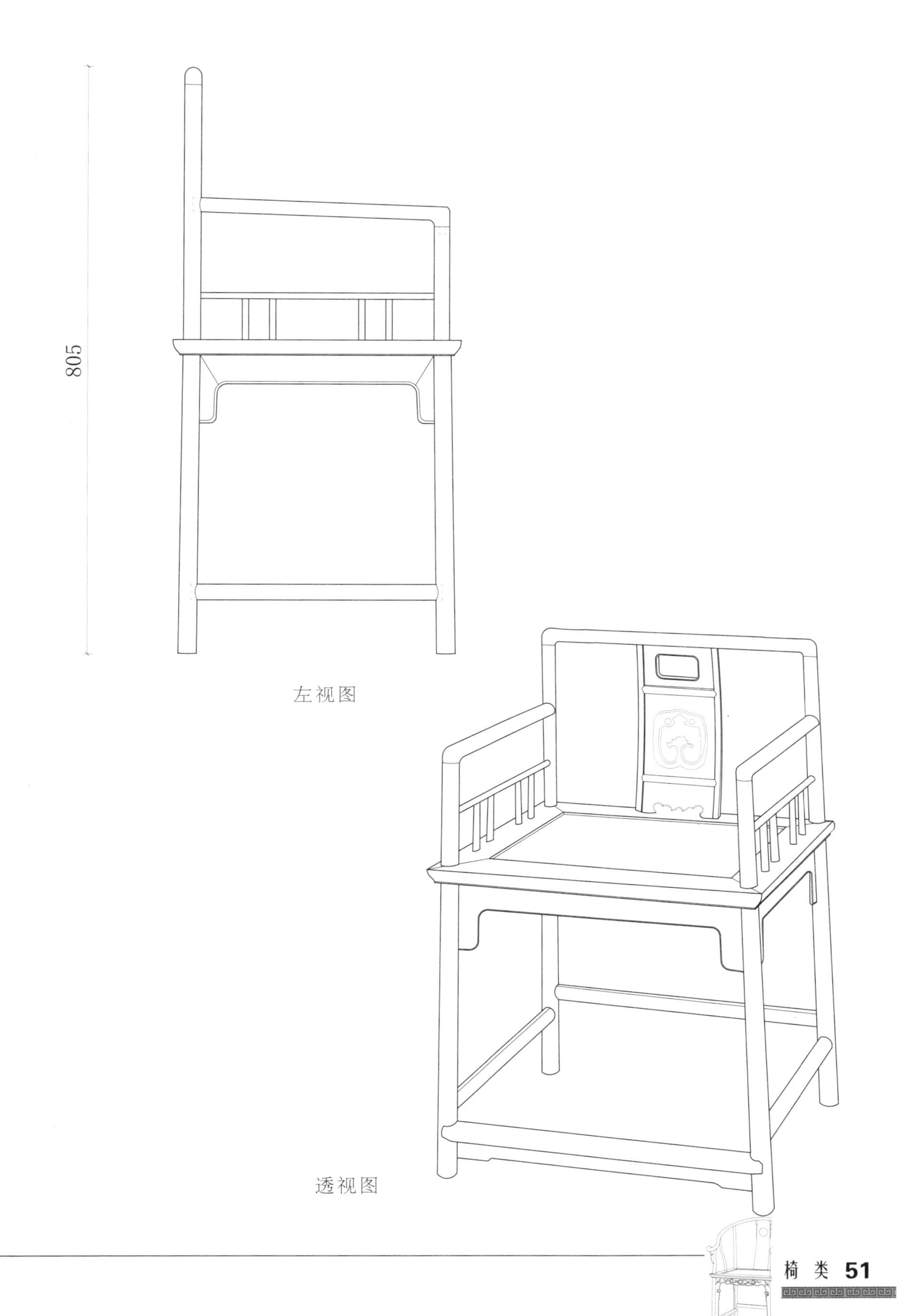
805

左视图

透视图

紫檀夔龙纹玫瑰椅

名称：紫檀夔龙纹玫瑰椅

年代：明代

尺寸：高93厘米、长59.5厘米、宽45.5厘米

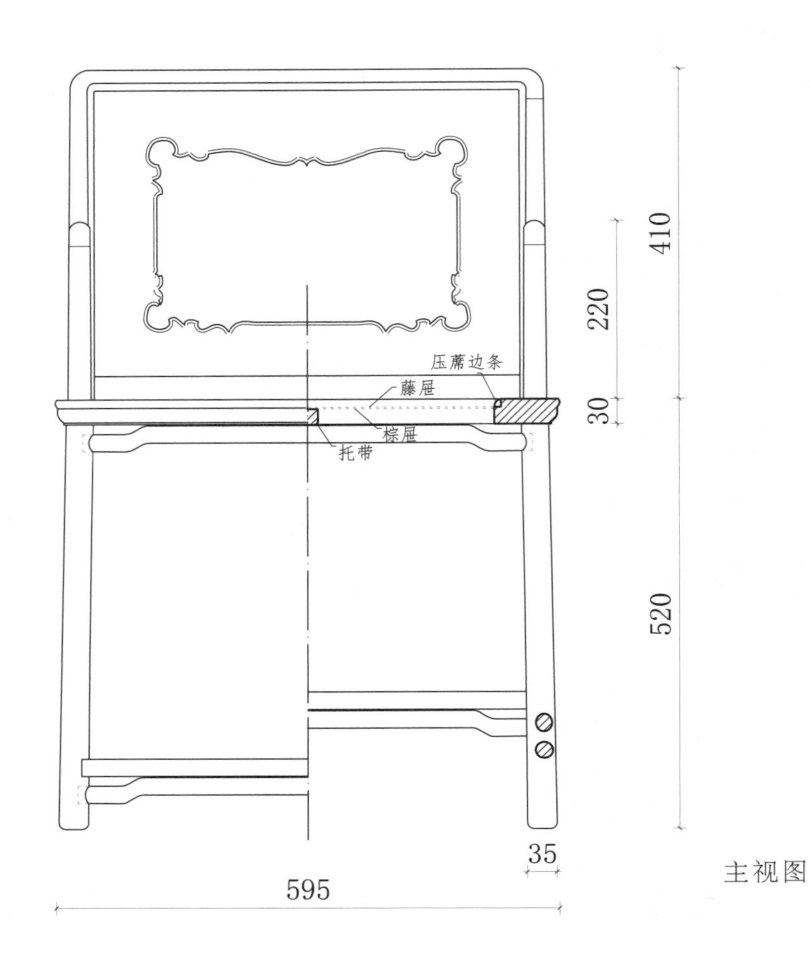
压席边条
藤屉
棕屉
托带
410
220
30
520
35
595

主视图

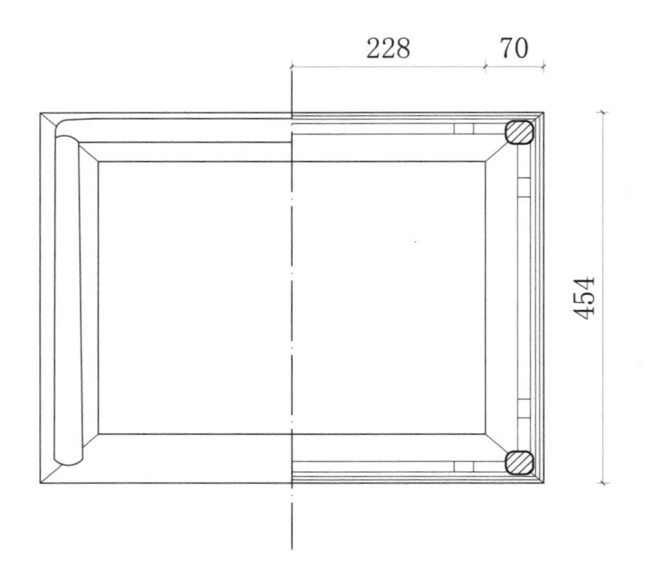
228
70
454

俯视图

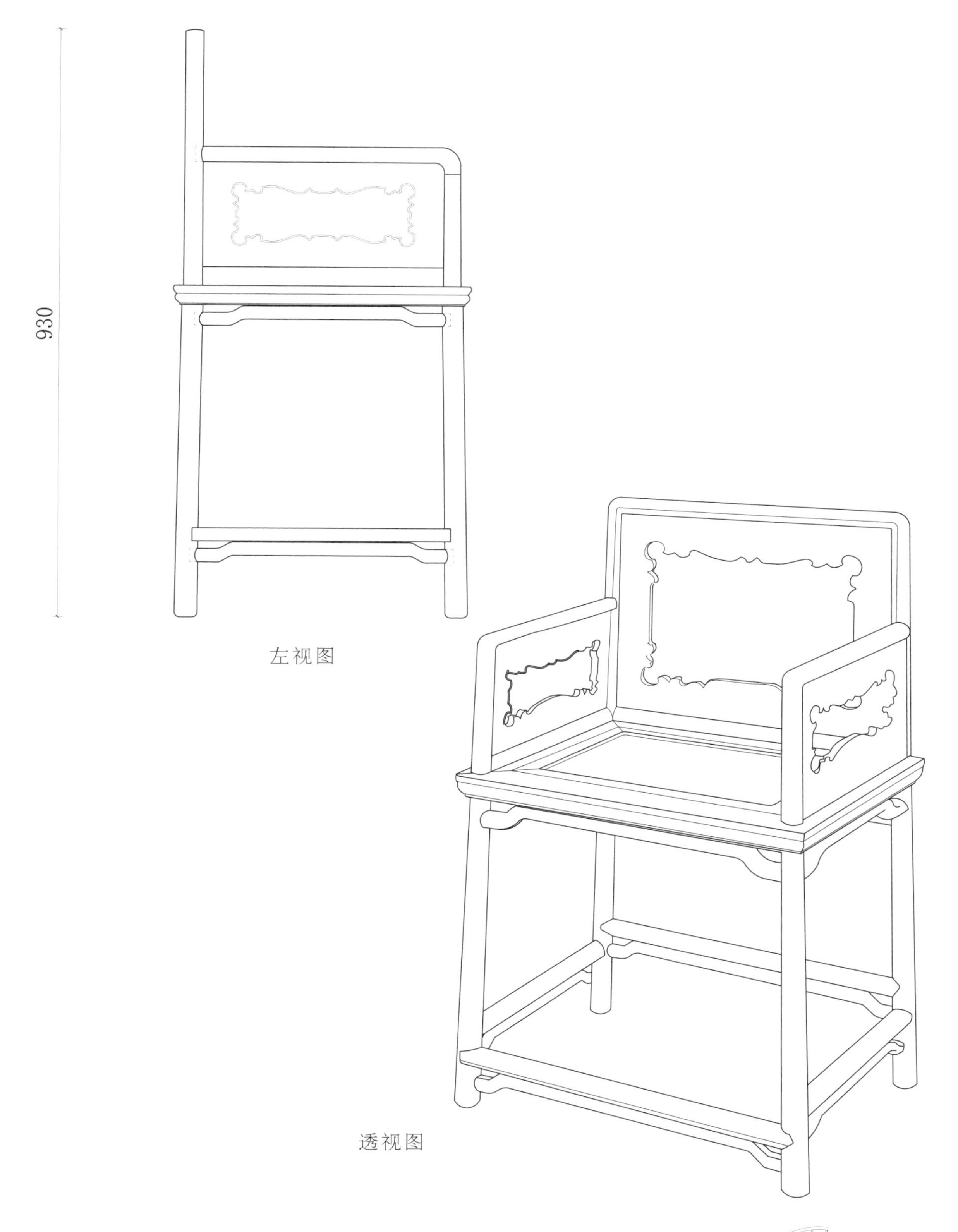
930

左视图

透视图

紫檀镶楠木心长方杌

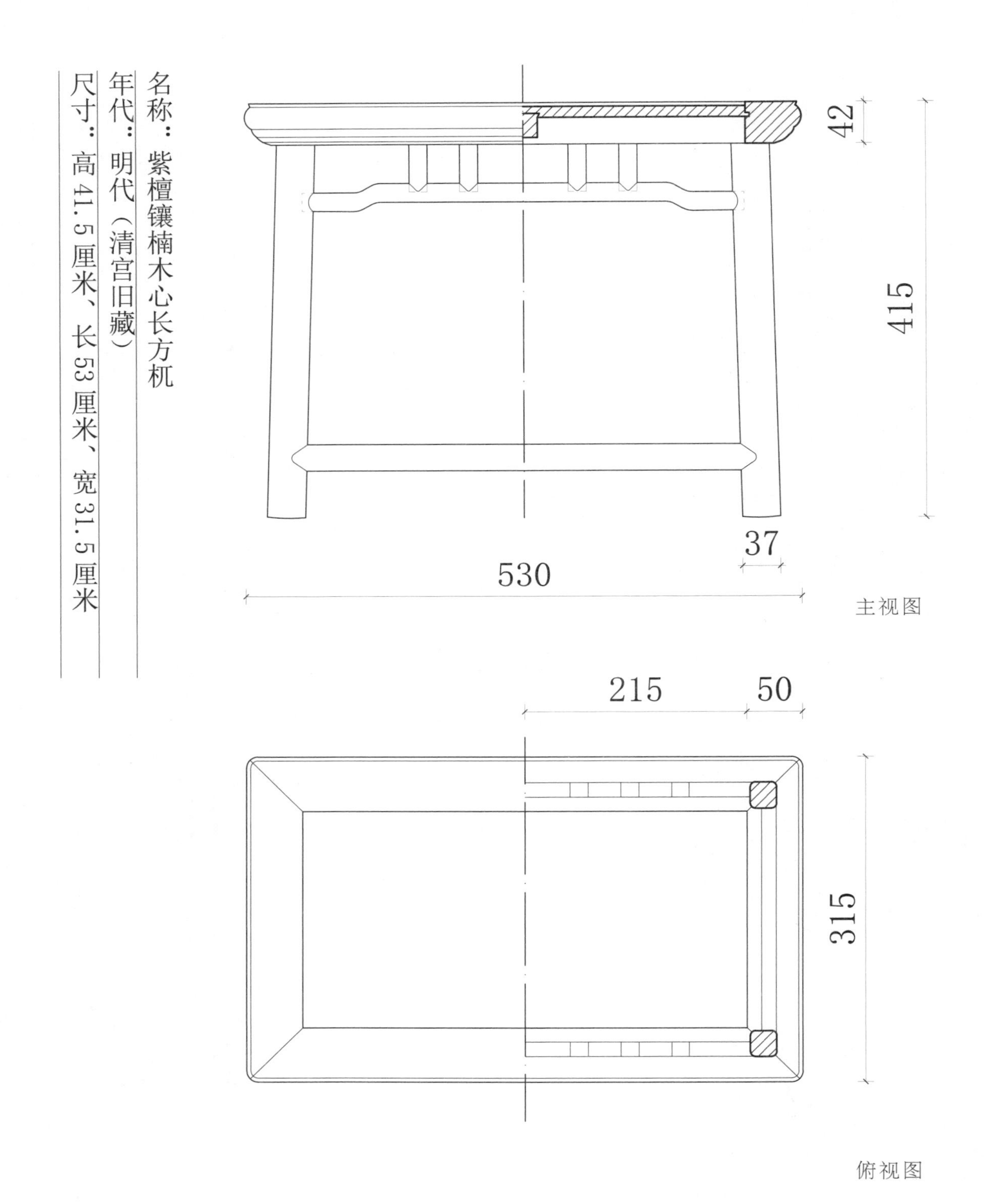
名称：紫檀镶楠木心长方杌
年代：明代（清宫旧藏）
尺寸：高41.5厘米、长53厘米、宽31.5厘米
42
415
37
530
215
50
315

主视图

俯视图

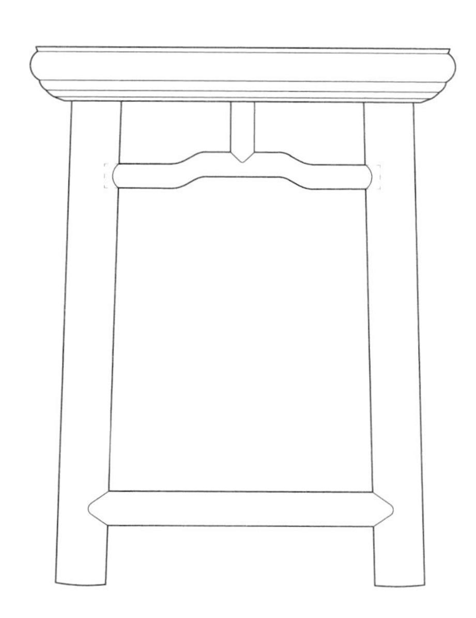

左视图

透视图

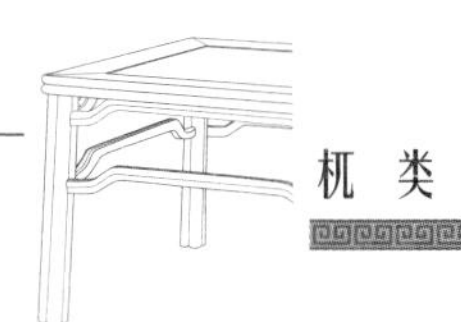

花梨方杌

名称：花梨方杌

年代：明代（清宫旧藏）

尺寸：高 44.5 厘米、长 43 厘米、宽 43 厘米

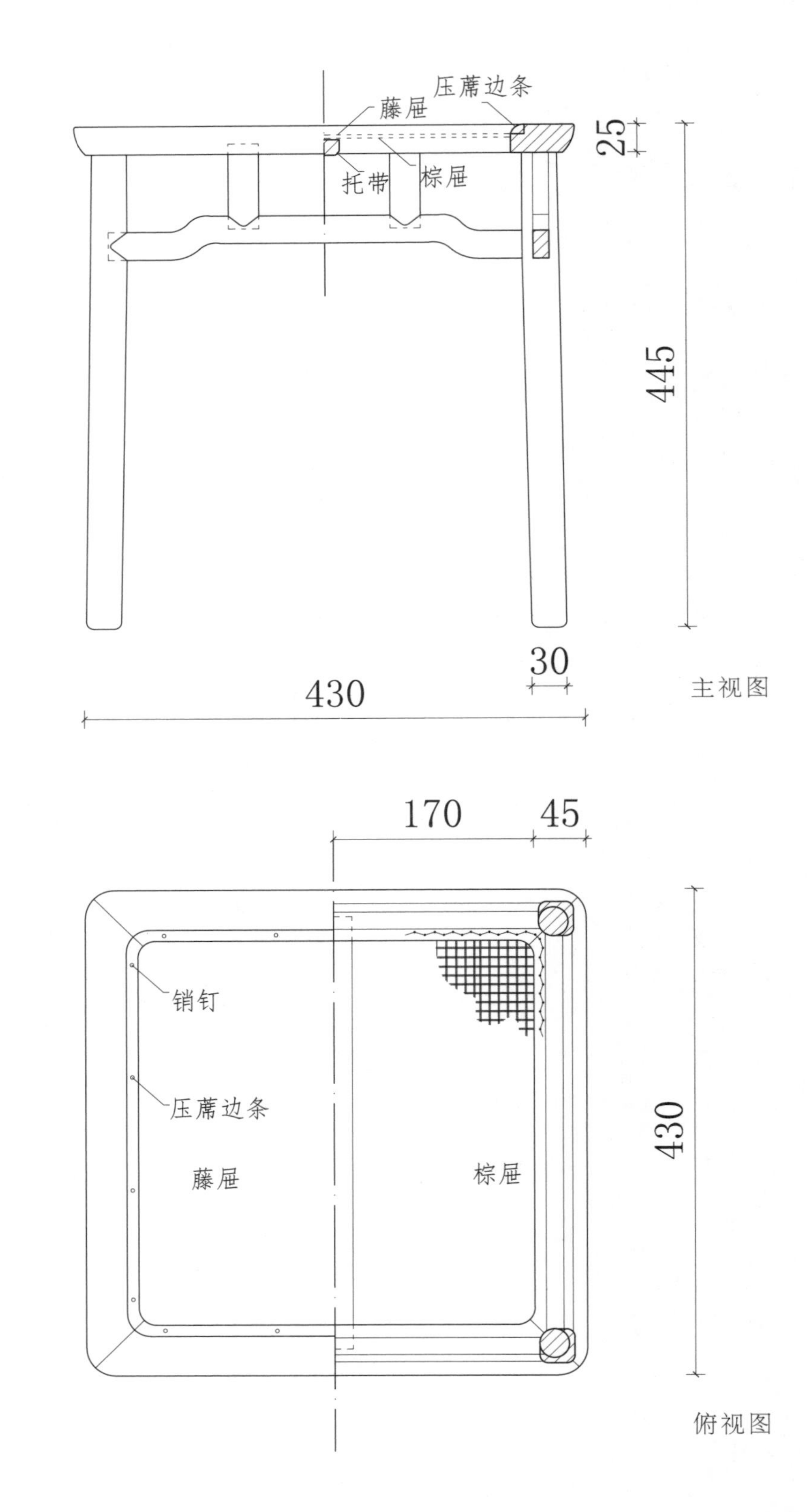
压蓆边条
藤屉
25
托带
棕屉
445
30
430
主视图
170
45
销钉
压蓆边条
藤屉
棕屉
430
俯视图

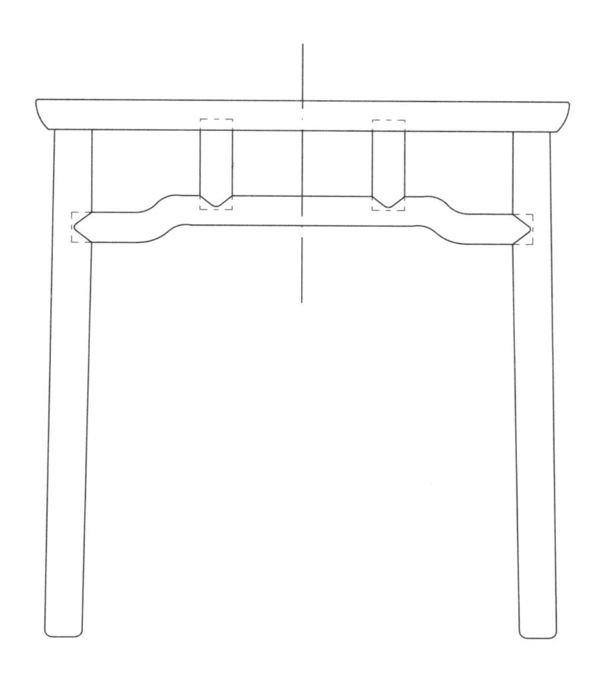

左视图

透视图

紫檀漆心大方杌

名称：紫檀漆心大方杌

年代：明代

尺寸：高49.5厘米、长63.5厘米、宽63.5厘米

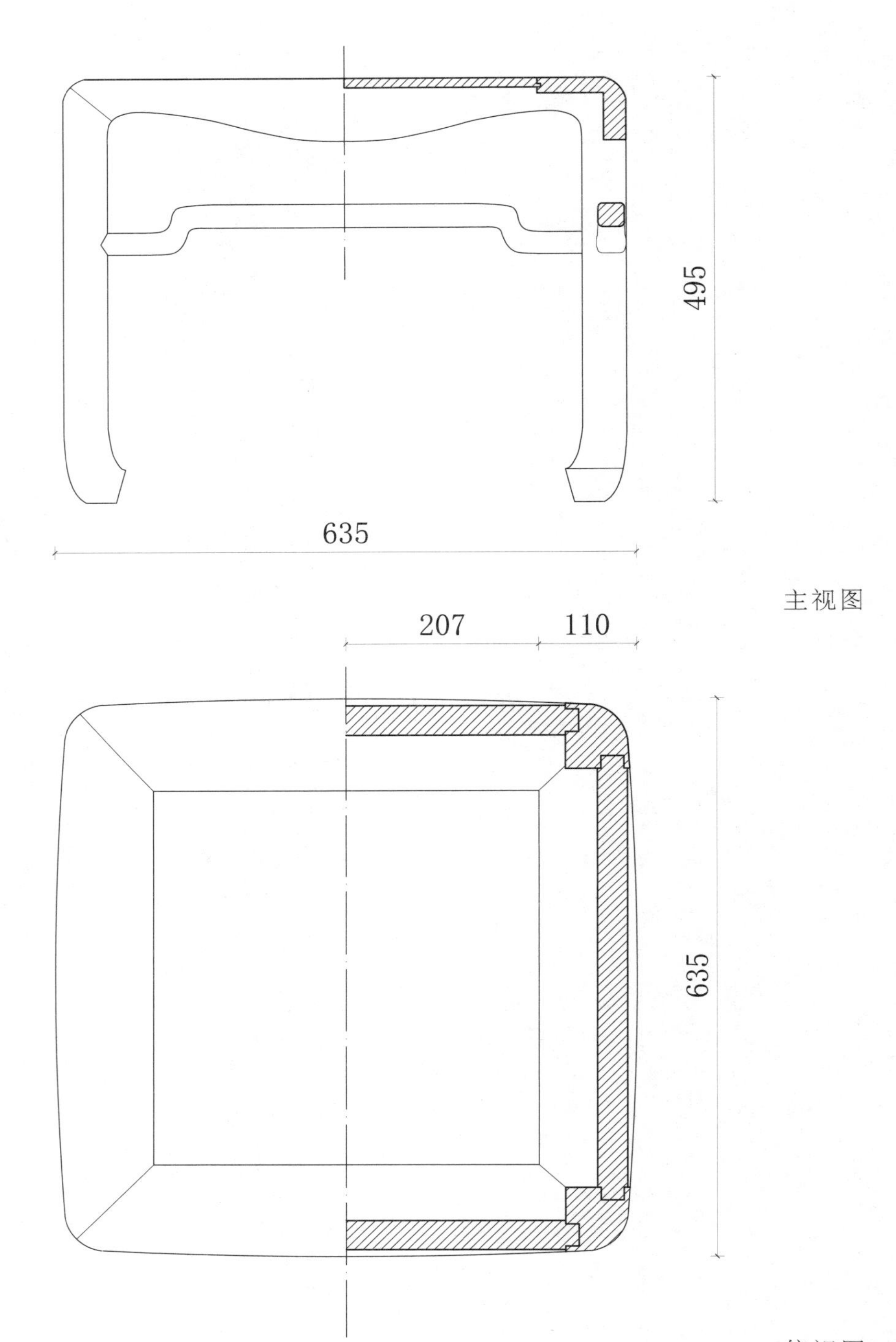
495
635
主视图
207
110
635
俯视图

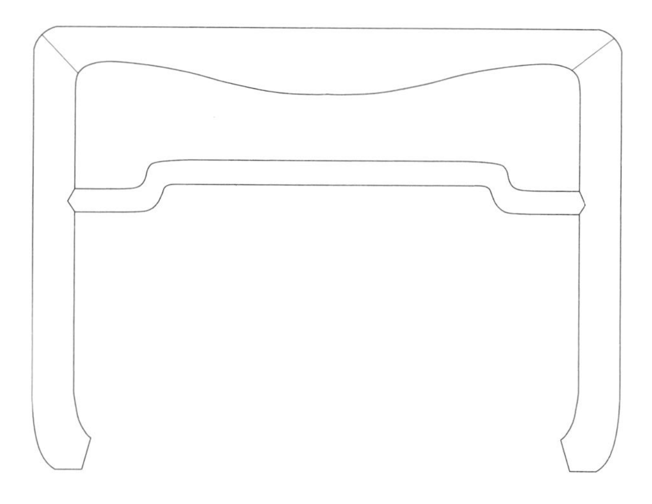

左视图

透视图

花梨藤心大方杌

名称：花梨藤心大方杌
年代：明代
尺寸：高51厘米、长67厘米、宽67厘米

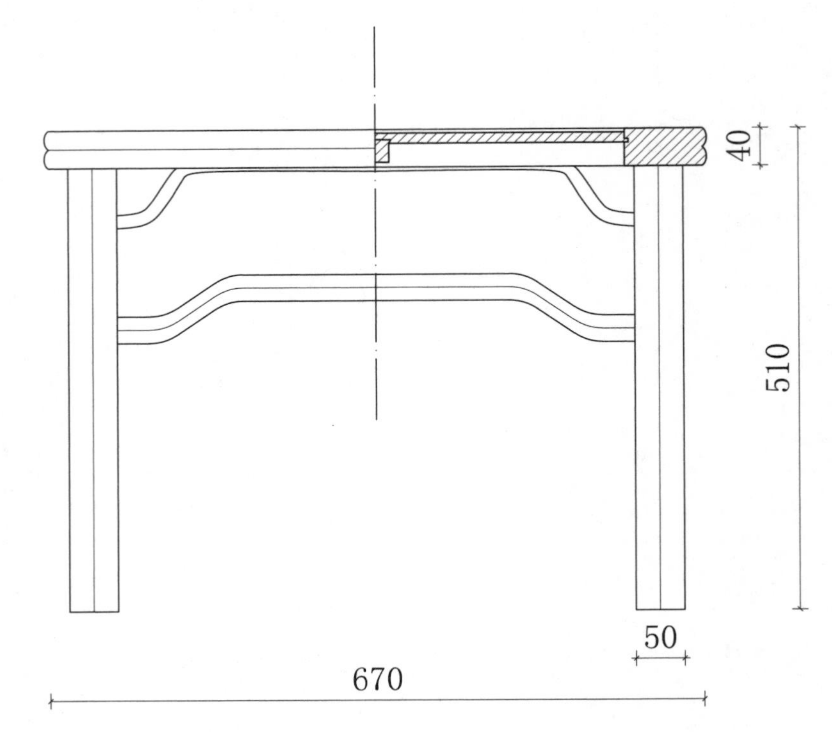
40
510
50
670
主视图

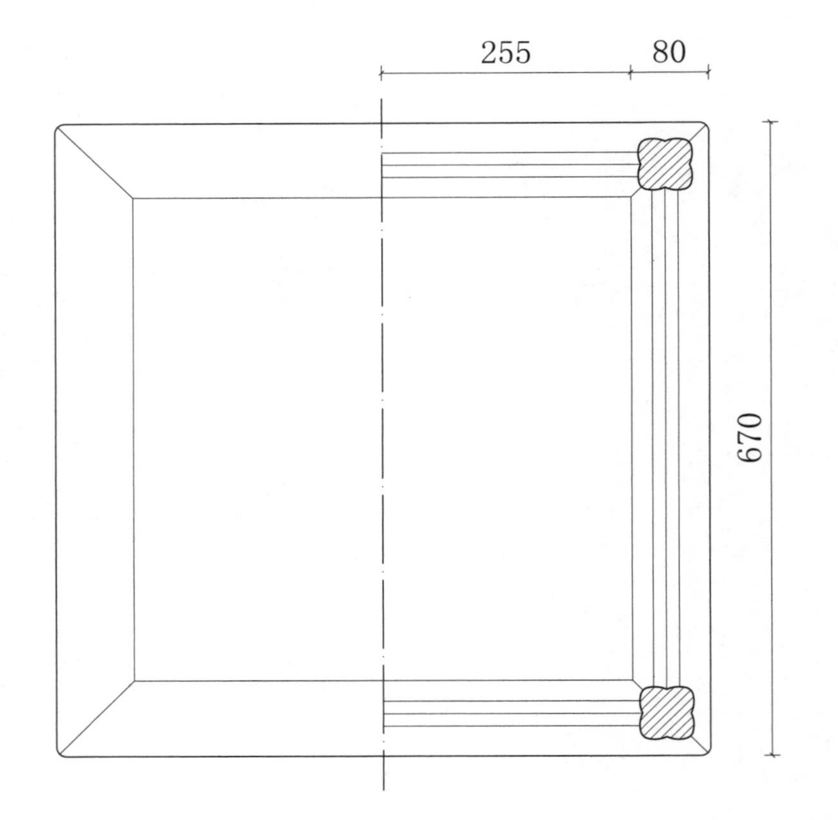
255
80
670
俯视图

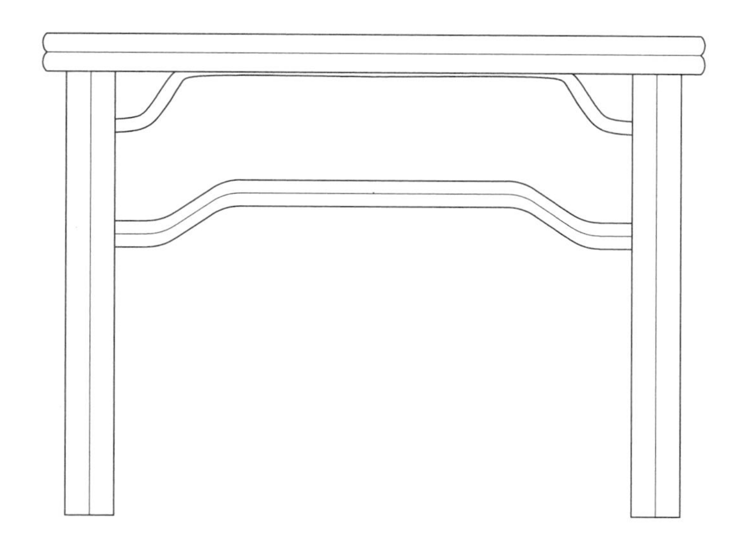

左视图

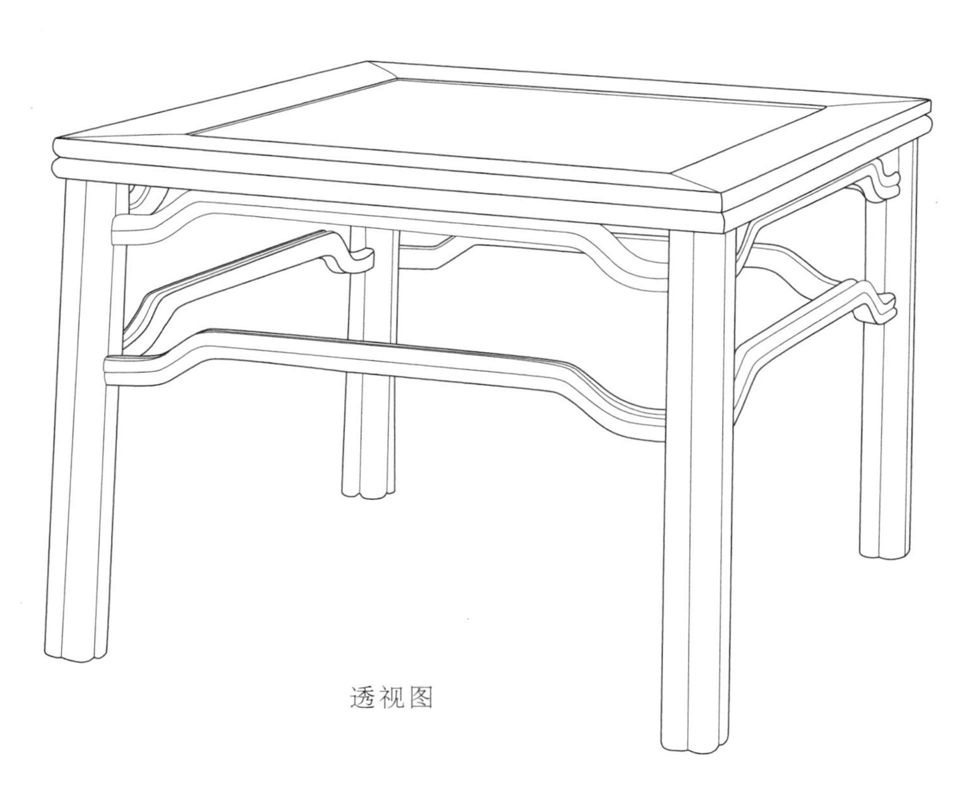

透视图

花梨藤心大方杌

名称：花梨藤心大方杌
年代：明代
尺寸：高51厘米、长63厘米、宽63厘米

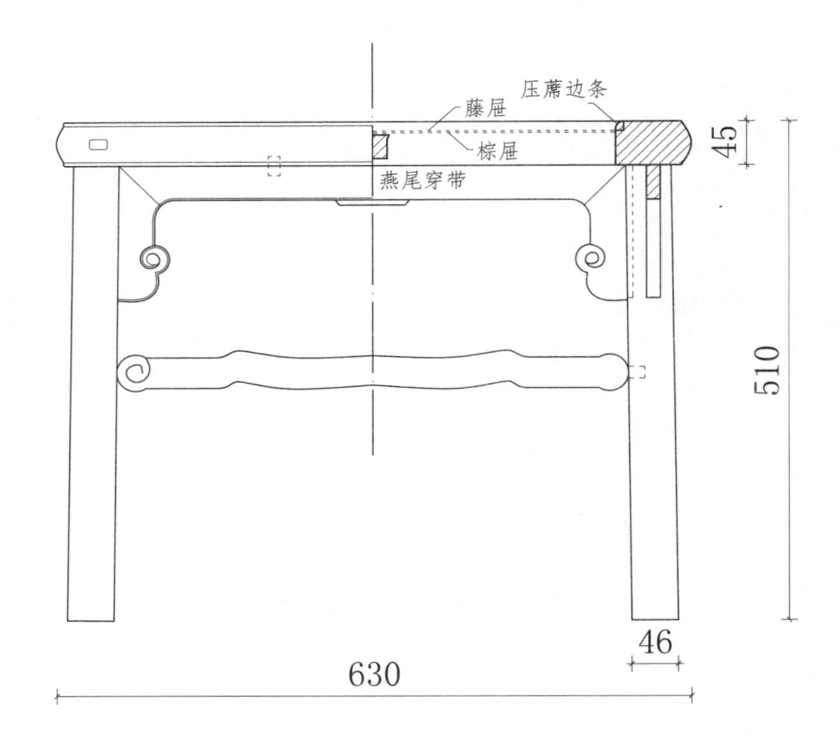

压席边条
藤屉
棕屉
燕尾穿带
45
510
46
630

主视图

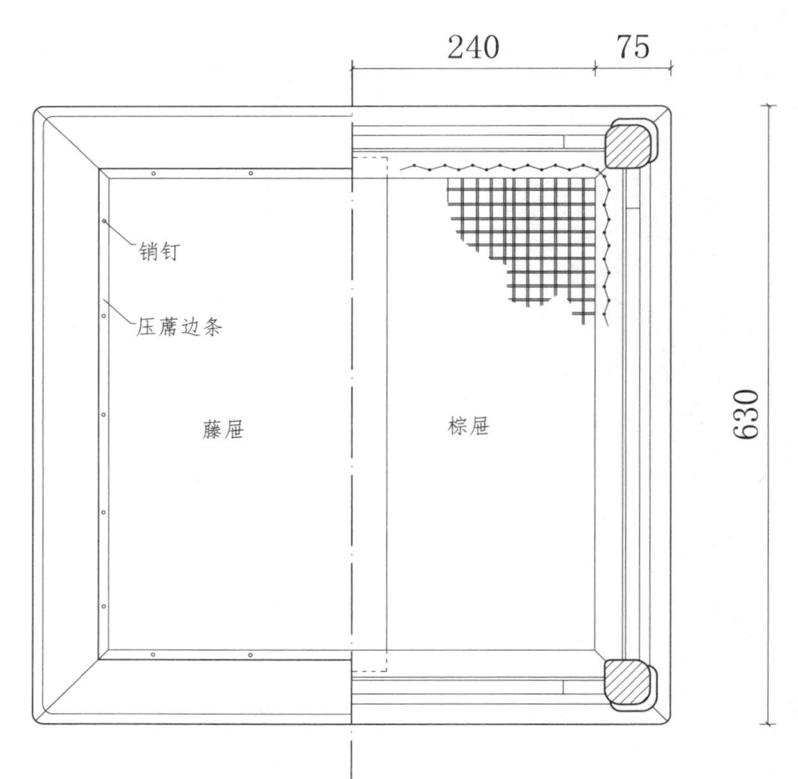

240
75
销钉
压席边条
藤屉
棕屉
630

俯视图

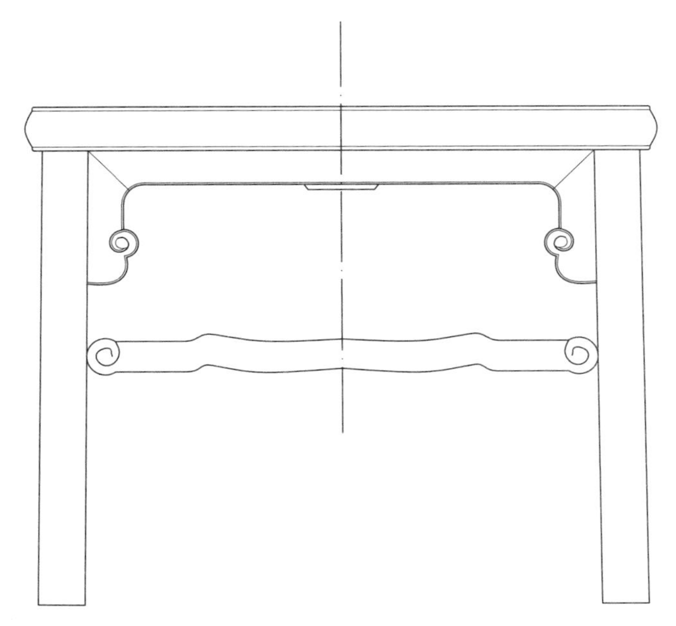
左视图

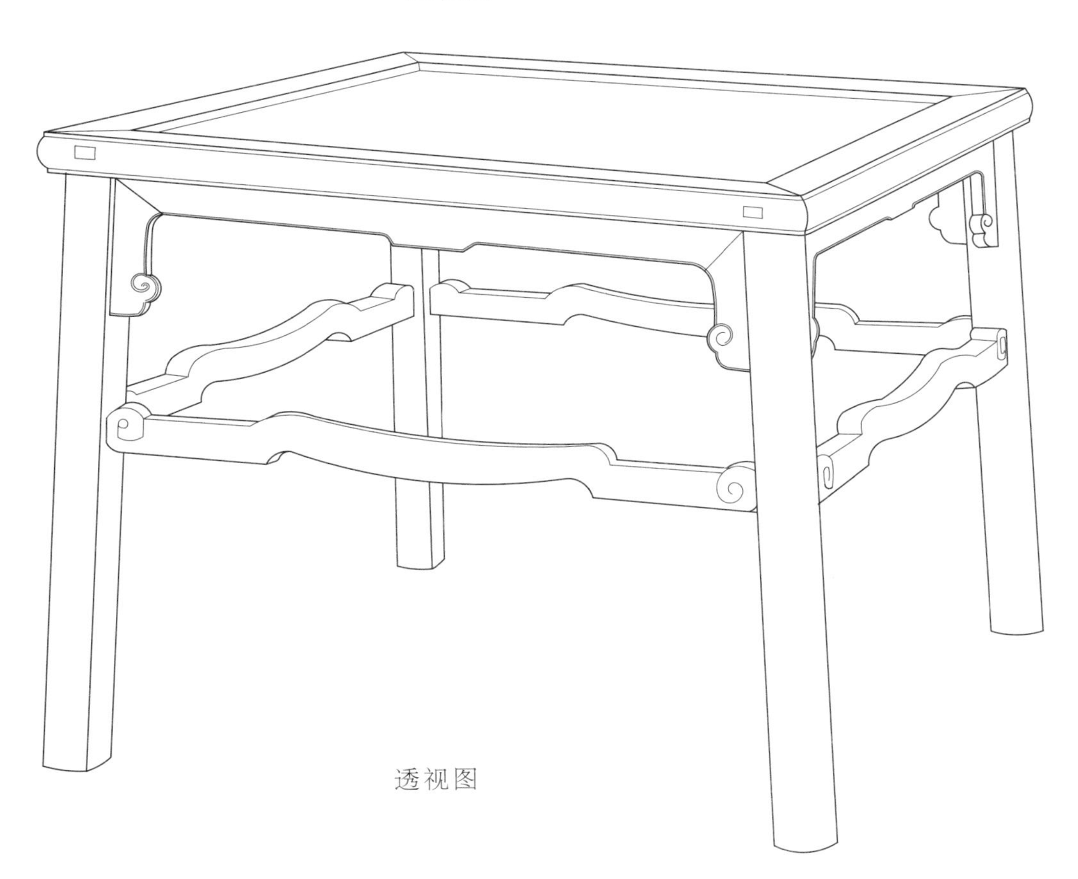
透视图

紫檀腰圆形脚踏

名称：紫檀腰圆形脚踏
年代：清代早期（清宫旧藏）
尺寸：高17厘米、长72.5厘米、宽36厘米

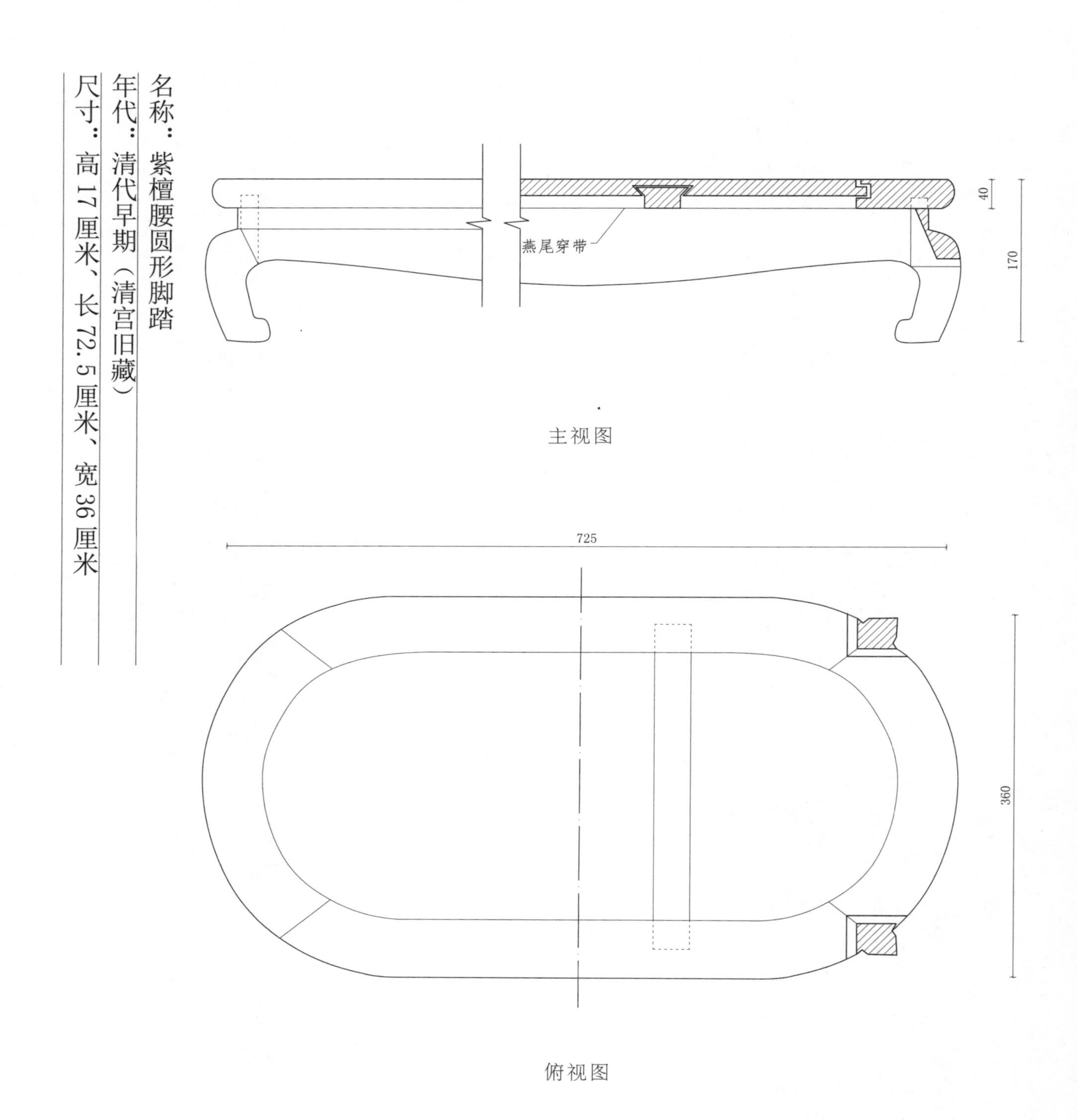
燕尾穿带
40
170
725
360

主视图

俯视图

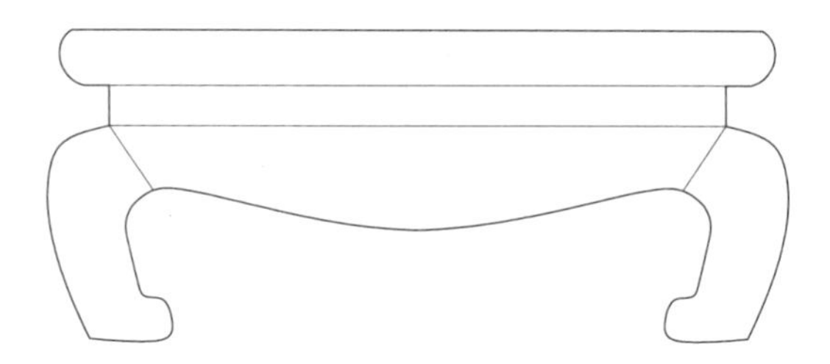

左视图

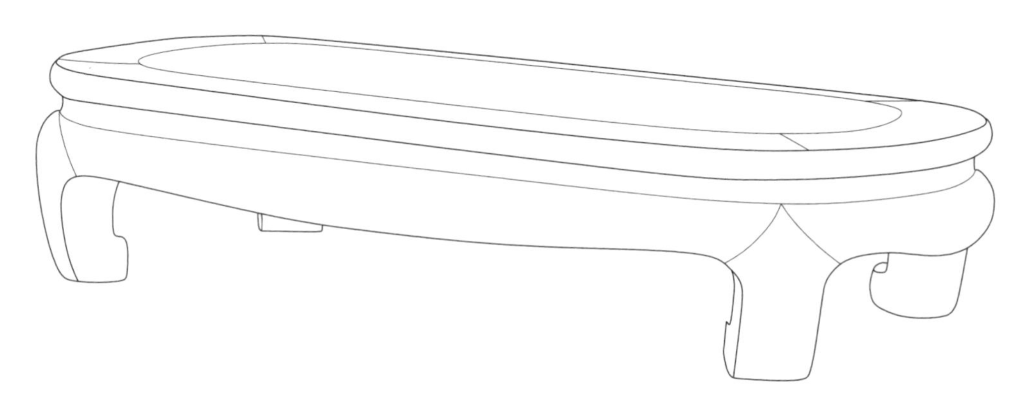

透视图

黄花梨方桌

名称：黄花梨方桌

年代：明代

尺寸：高83厘米、长100厘米、宽100厘米

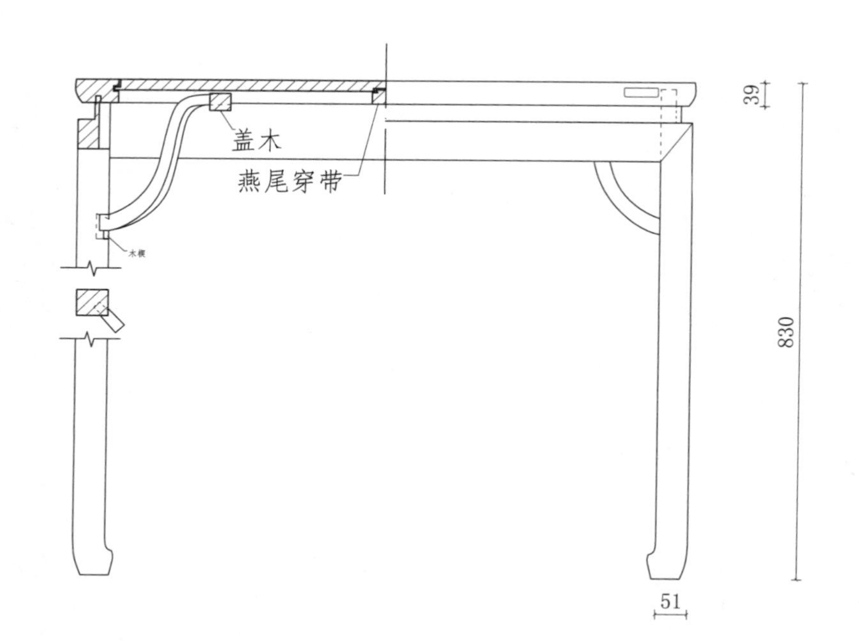
盖木
燕尾穿带
39
830
51

主视图

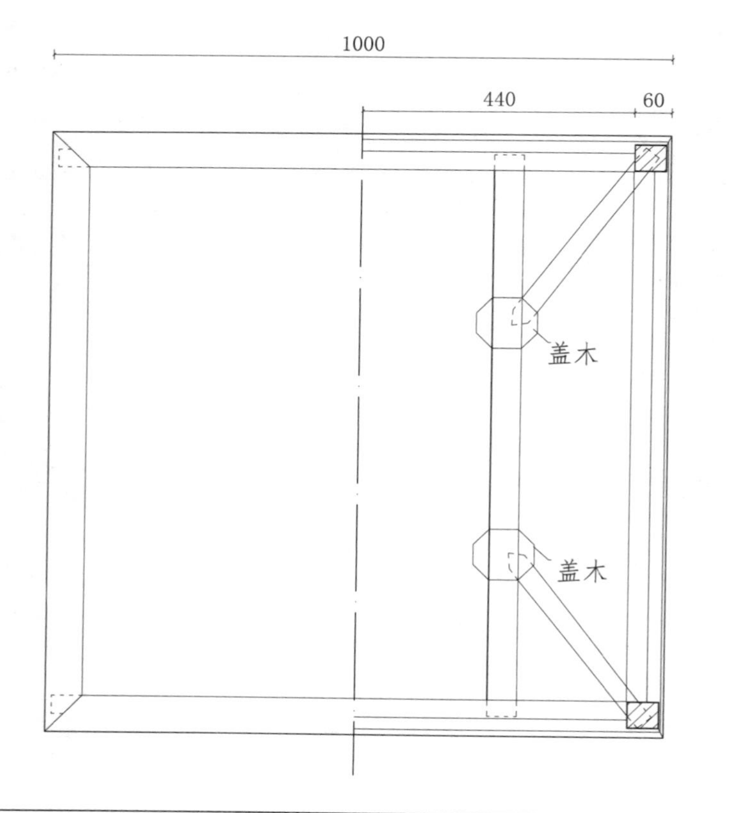
1000
440
60
盖木
盖木
1000

俯视图

左视图

透视图

黄花梨卷草纹展腿方桌

名称：黄花梨卷草纹方桌

年代：明代

尺寸：高86.5厘米、长100厘米、宽100厘米

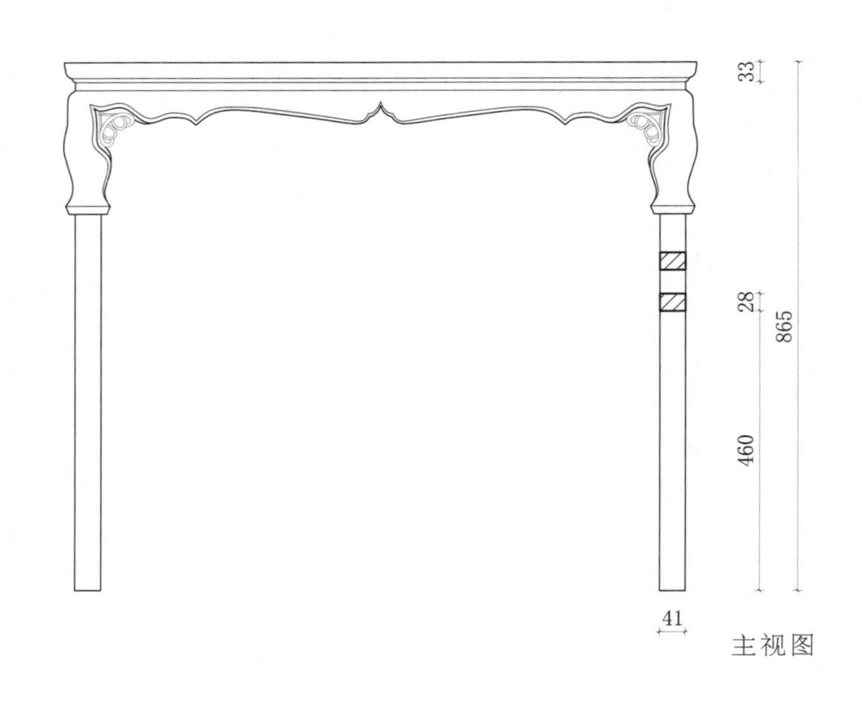
33
28
865
460
41

主视图

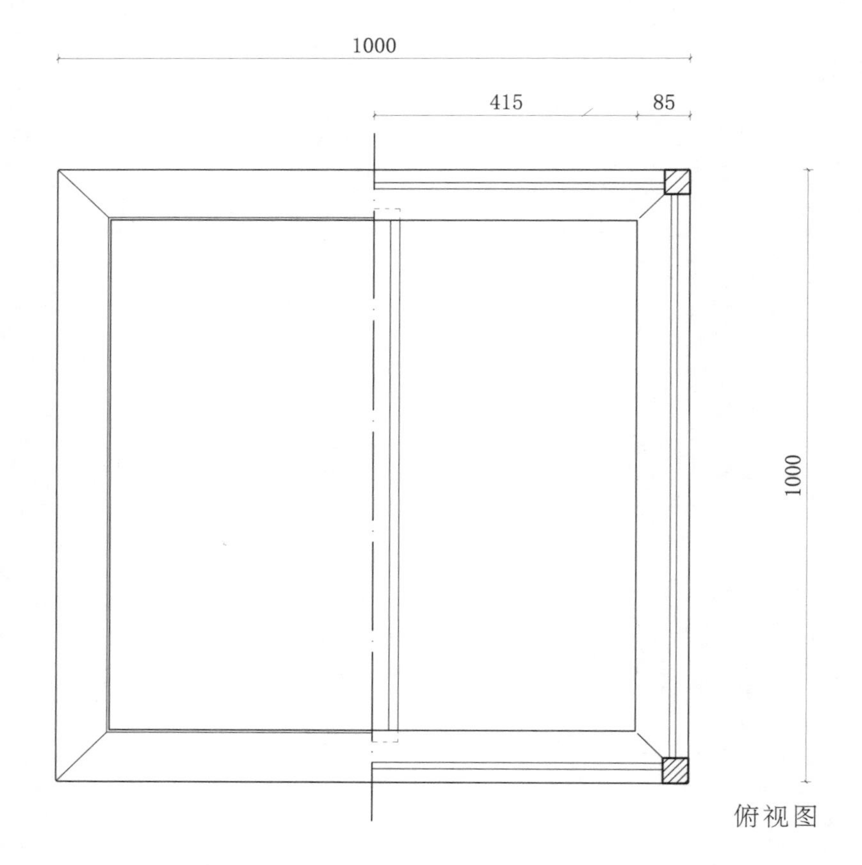
1000
415
85
1000

俯视图

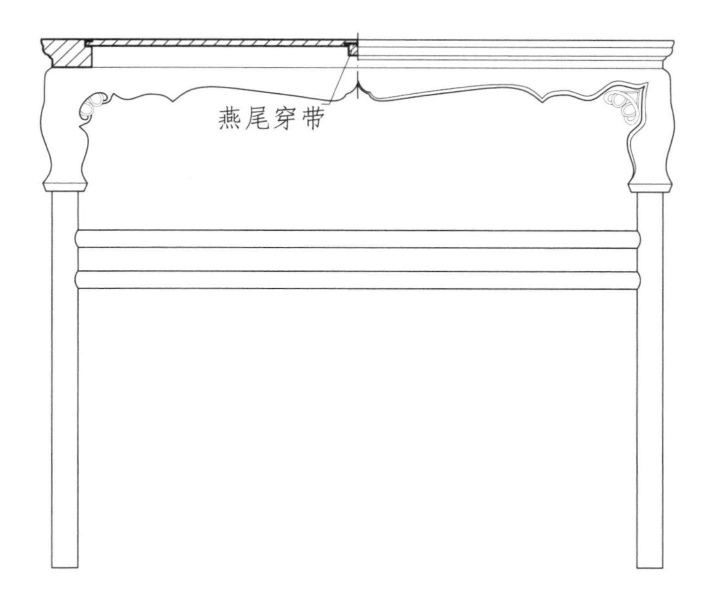
燕尾穿带
左视图

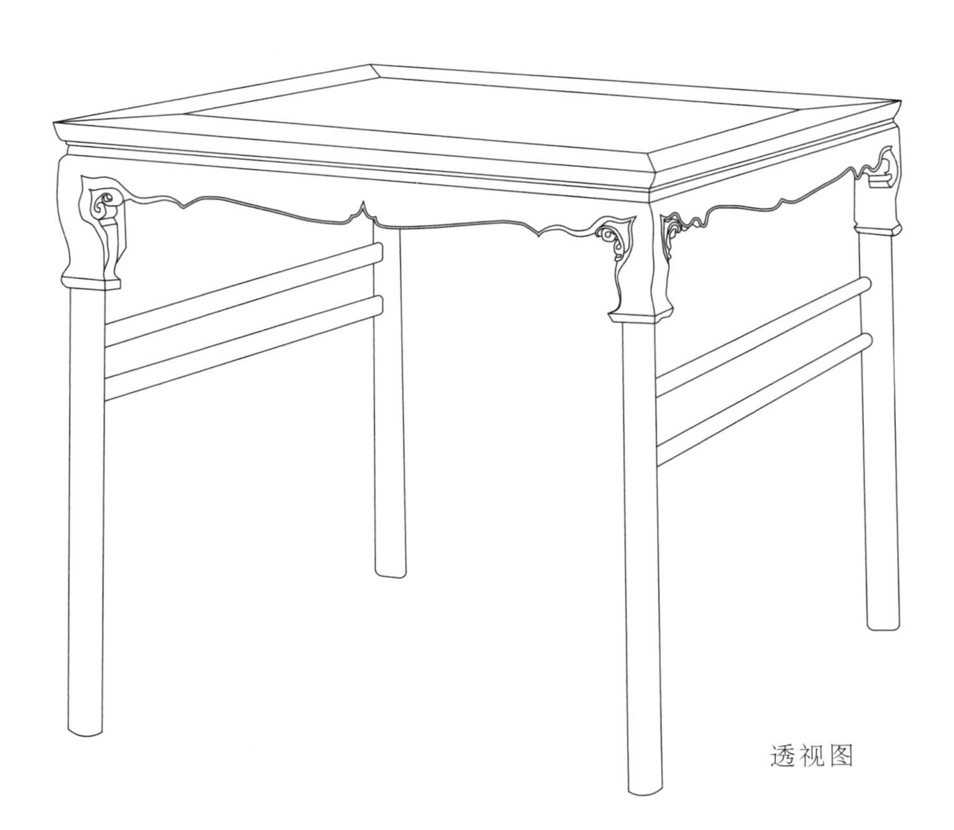
透视图

黄花梨卷草纹方桌

名称：黄花梨卷草纹方桌

年代：明代（清宫旧藏）

尺寸：高86厘米、长94.5厘米、宽94厘米

暗销

燕尾穿带

32

860

55

主视图

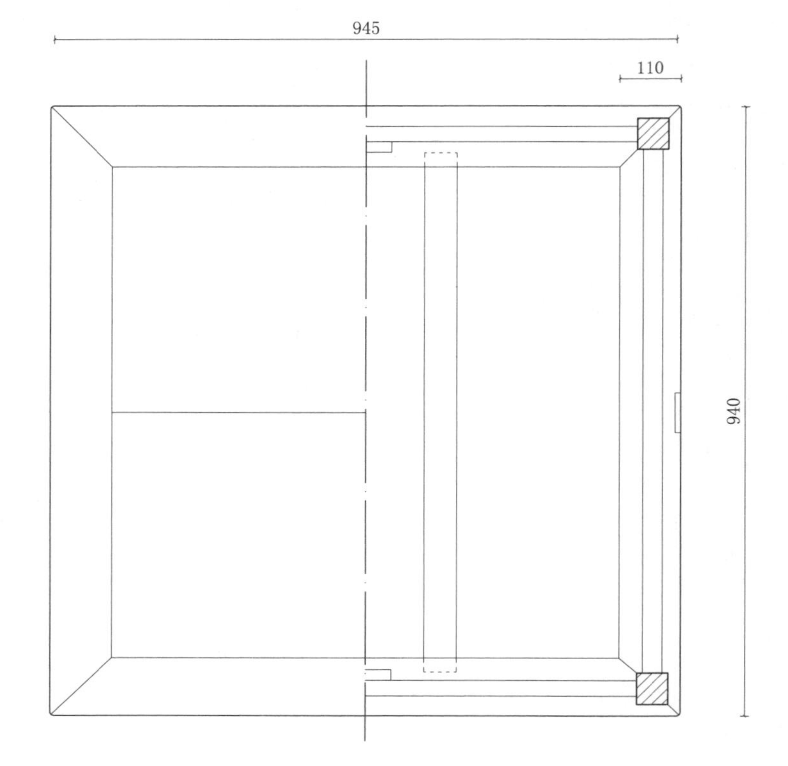
945
110
940

俯视图

左视图

透视图

花梨方桌

名称：花梨方桌
年代：明代
尺寸：高86厘米、长93厘米、宽84厘米

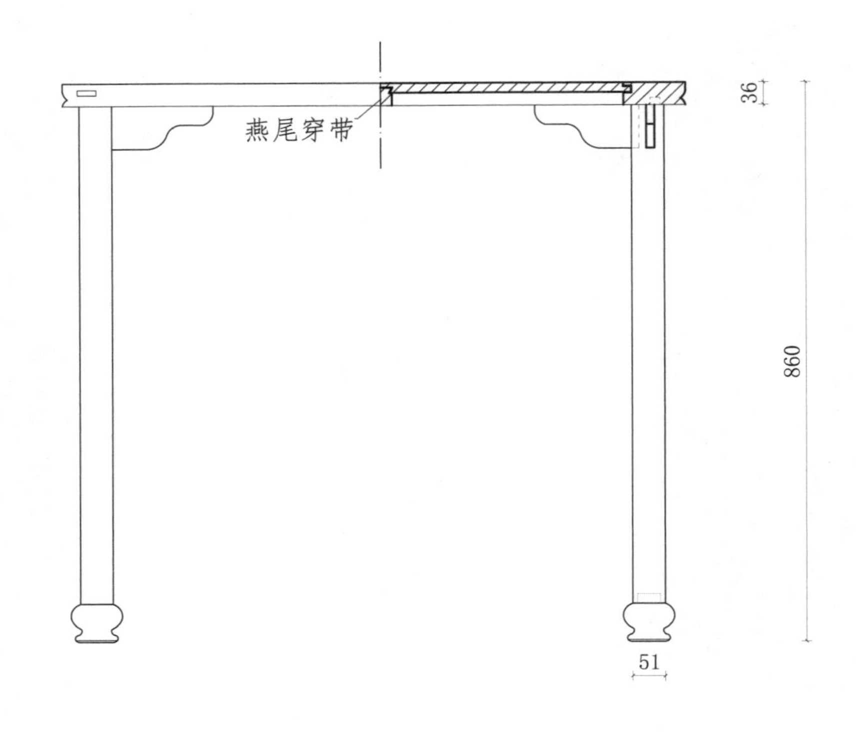

燕尾穿带
36
860
51

主视图

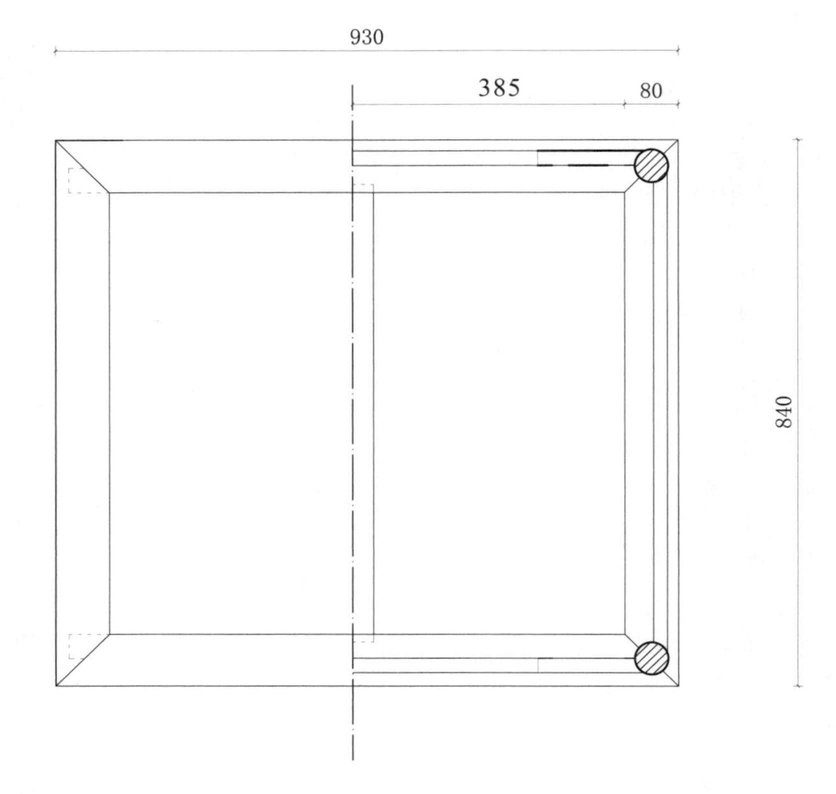

930
385
80
840

俯视图

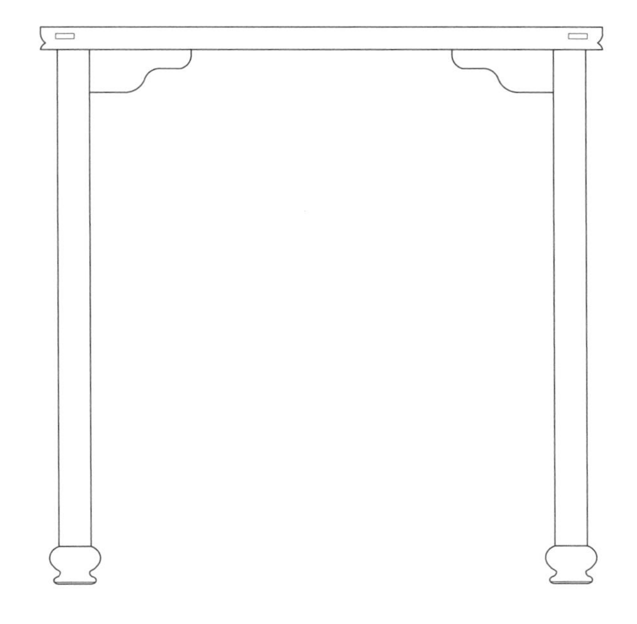

左视图

透视图

黄花梨方桌

名称：黄花梨方桌

年代：明代

尺寸：高70厘米、长82厘米、宽82厘米

燕尾穿带

35

700

50

主视图

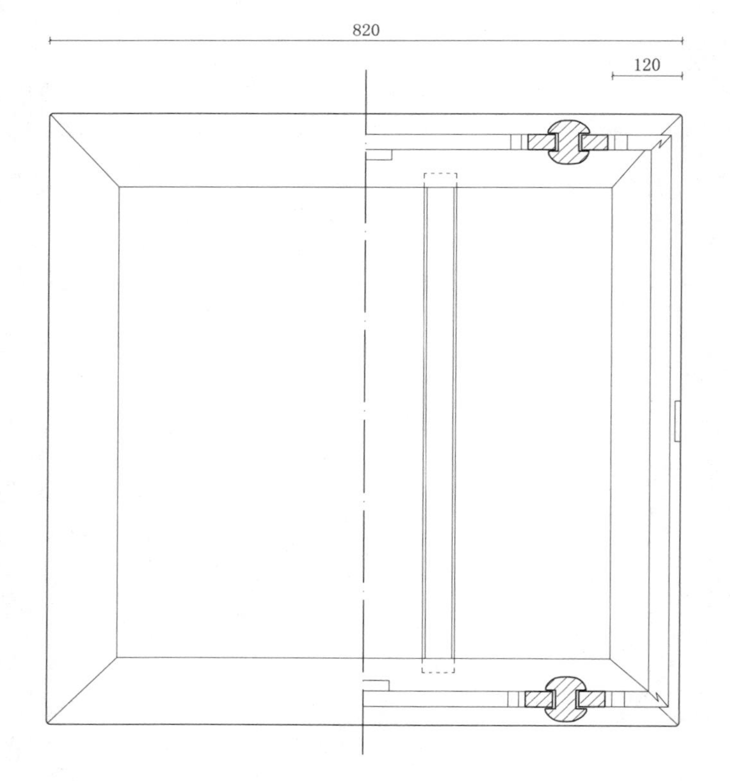
820
120
820

俯视图

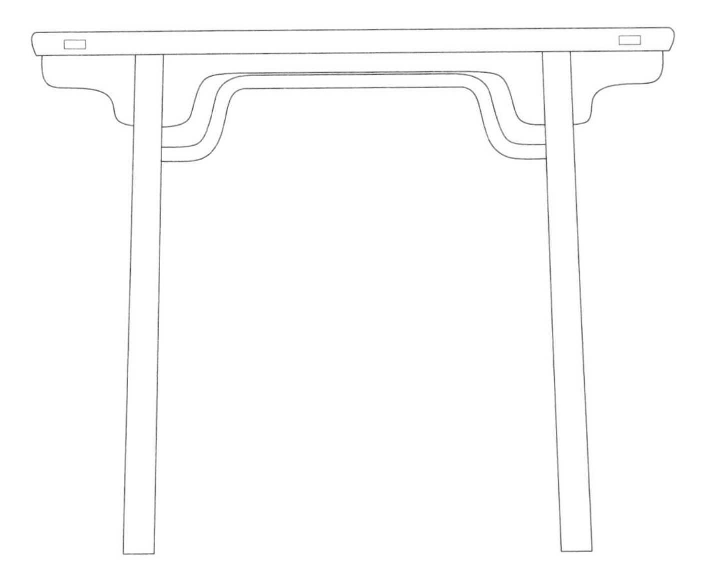

左视图

透视图

黄花梨方桌

名称：黄花梨方桌
年代：明代
尺寸：高86.5厘米、长97厘米、宽96.5厘米

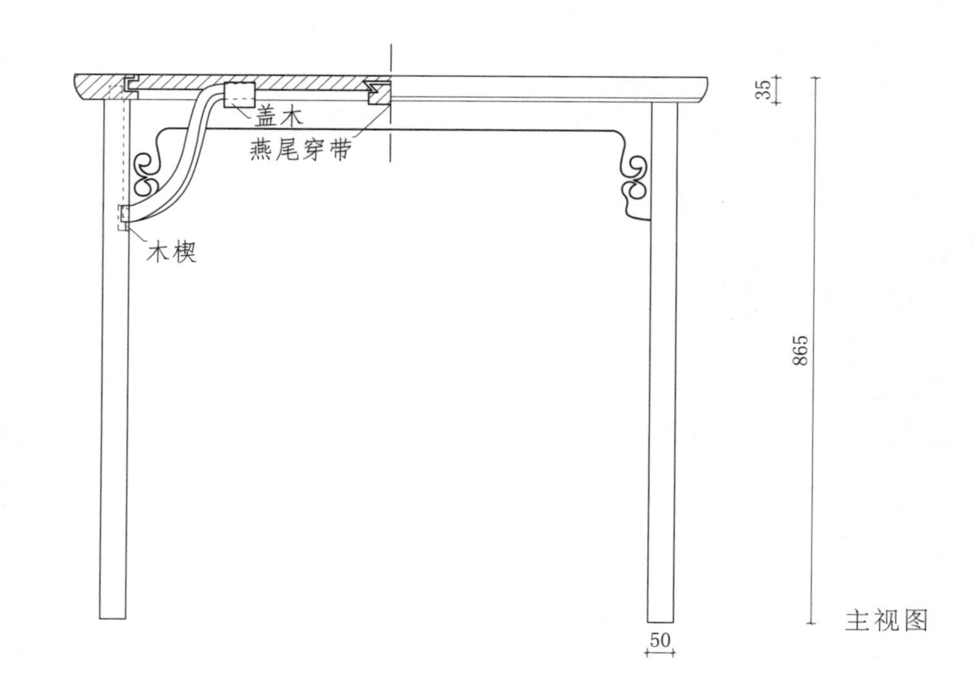

盖木
燕尾穿带
木楔
35
865
50
主视图

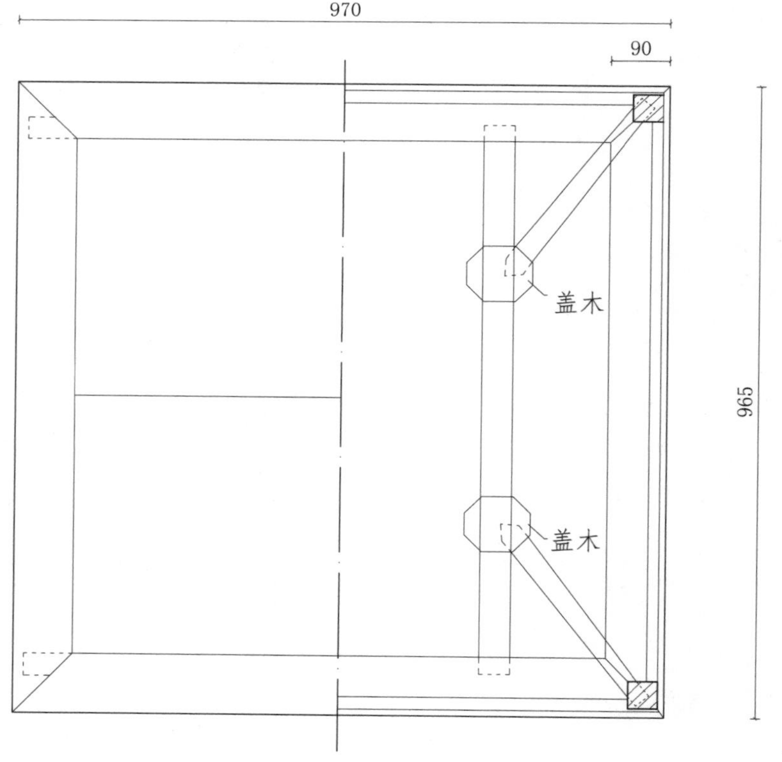

970
90
盖木
盖木
965
俯视图

左视图

透视图

黄花梨方桌

名称：黄花梨方桌

年代：明代（清宫旧藏）

尺寸：高82.5厘米、长75厘米、宽75厘米

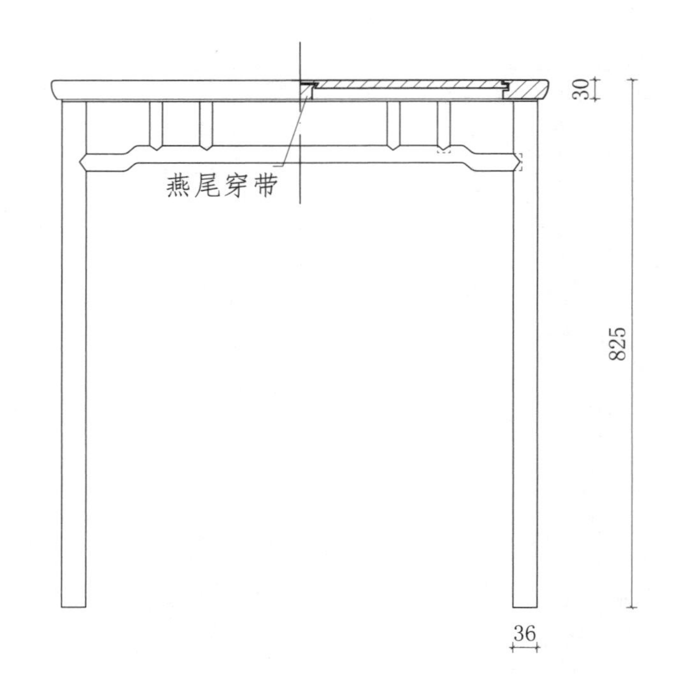
30
燕尾穿带
825
36

主视图

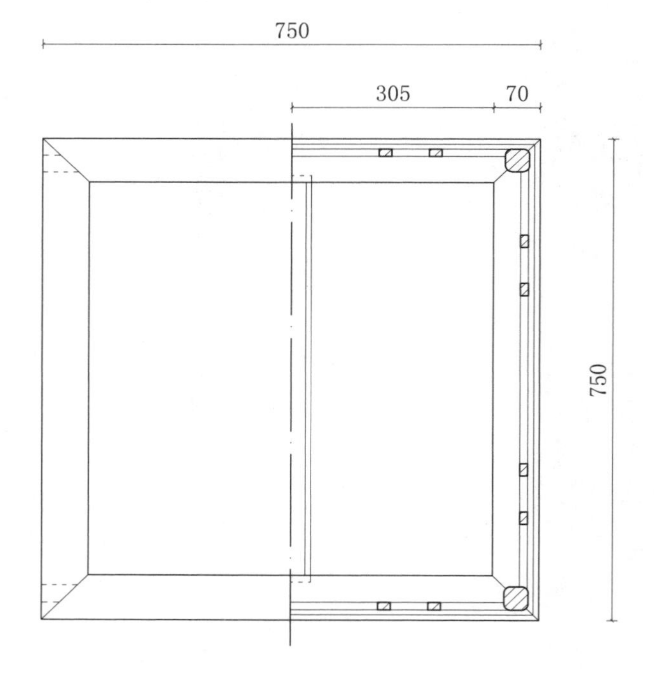
750
305
70
750

俯视图

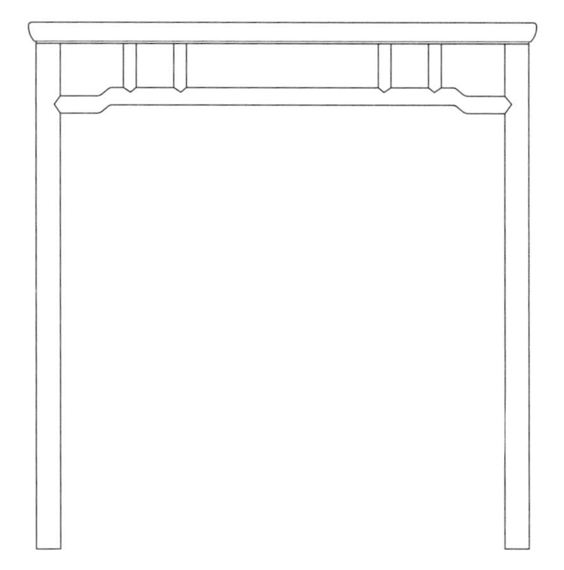

左视图

透视图

黄花梨方桌

名称：黄花梨方桌

年代：明代

尺寸：高 84 厘米、长 102.5 厘米、宽 103.8 厘米

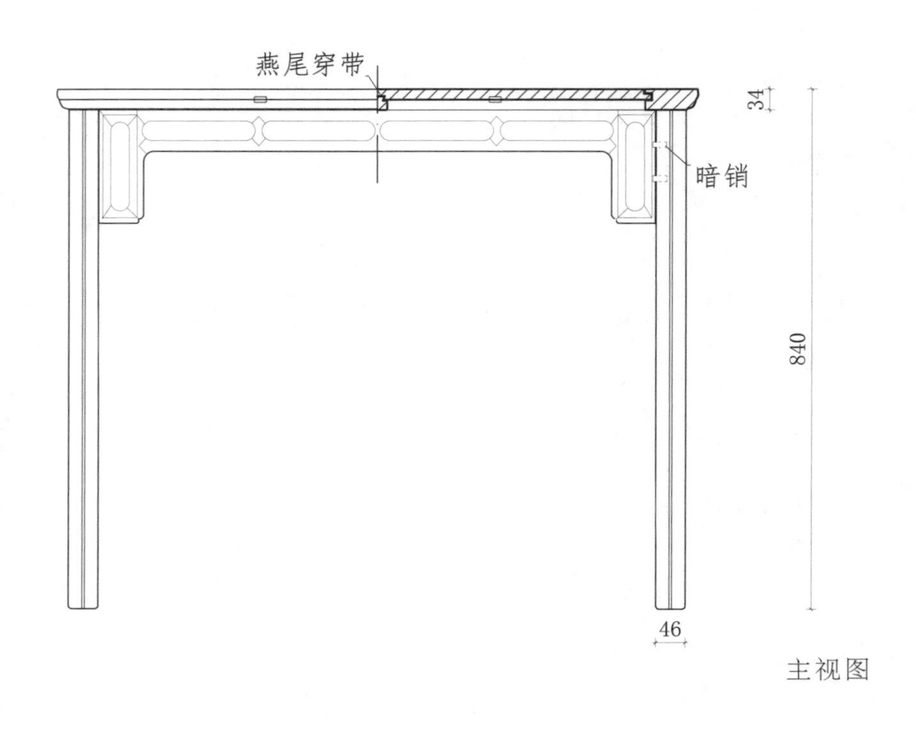
燕尾穿带
暗销
34
840
46

主视图

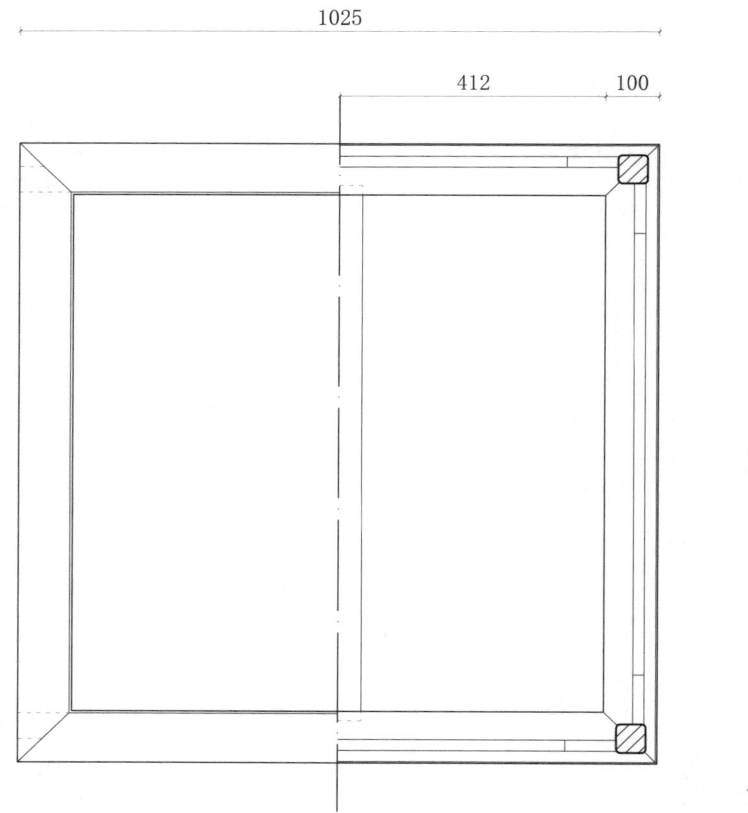
1025
412
100
1038

俯视图

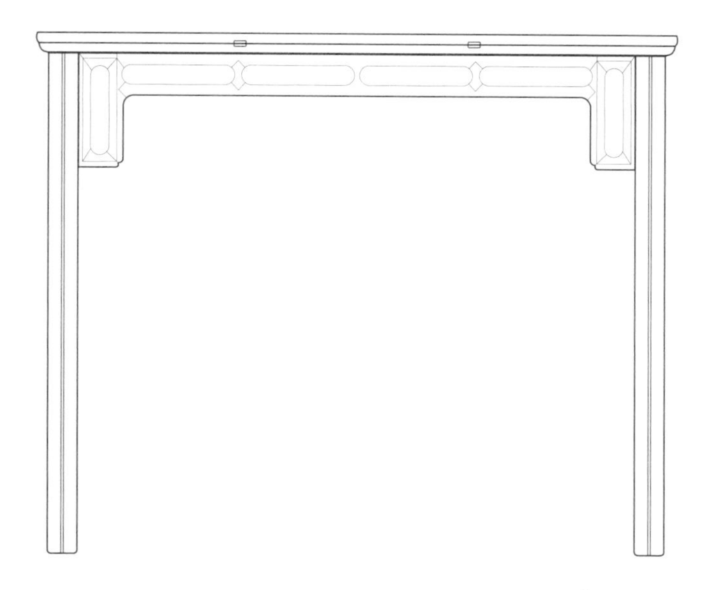
左视图

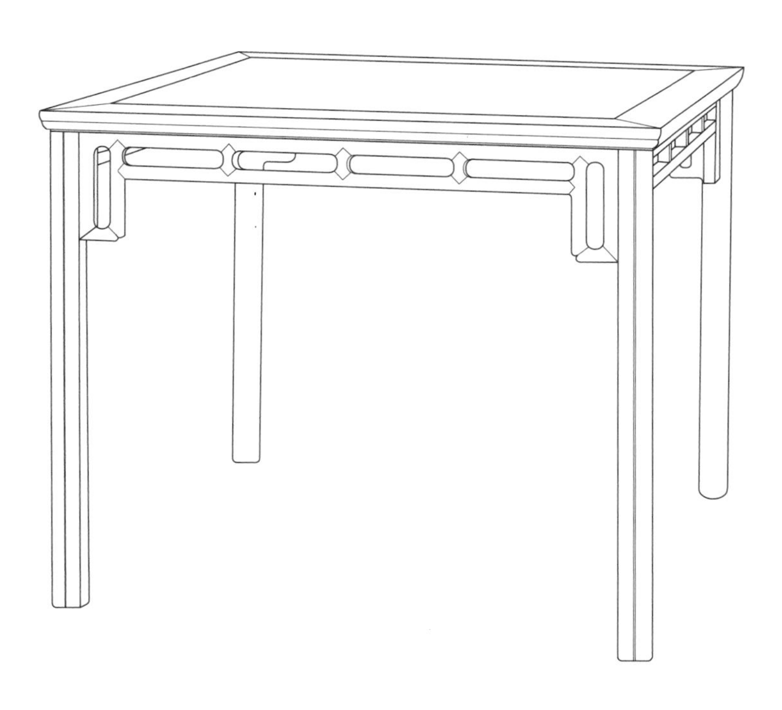
透视图

黄花梨束腰方桌

名称：黄花梨束腰方桌
年代：明代
尺寸：高83厘米、长100厘米、宽100厘米

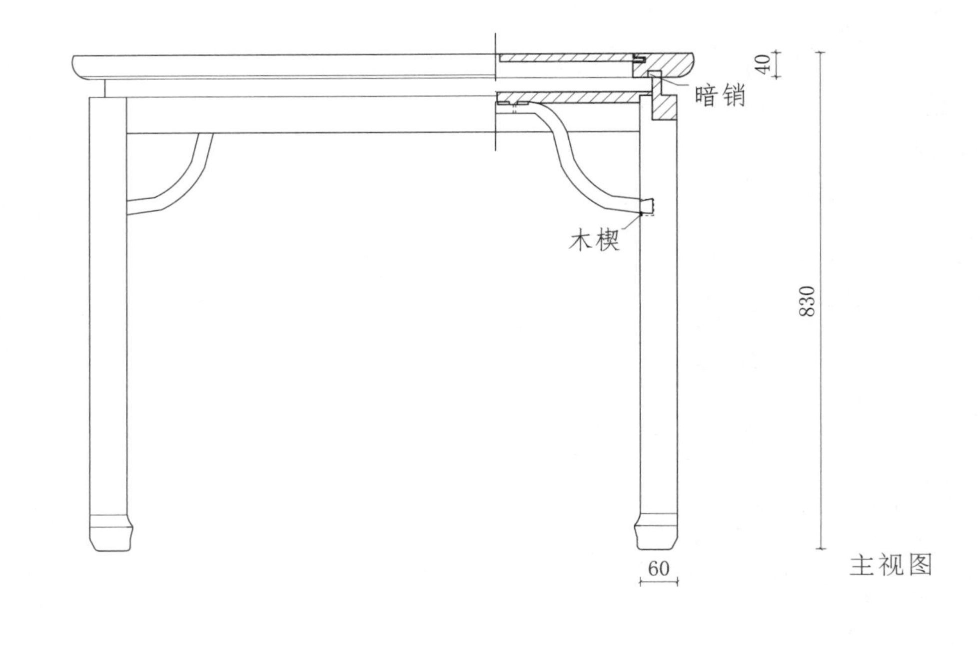
40
暗销
木楔
830
60

主视图

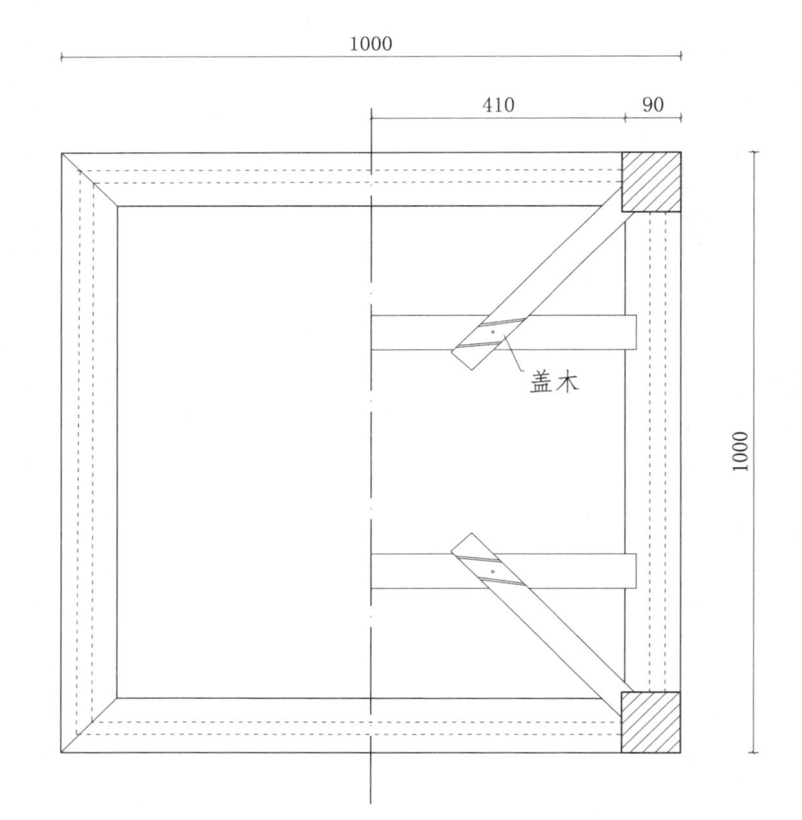
1000
410
90
盖木
1000

俯视图

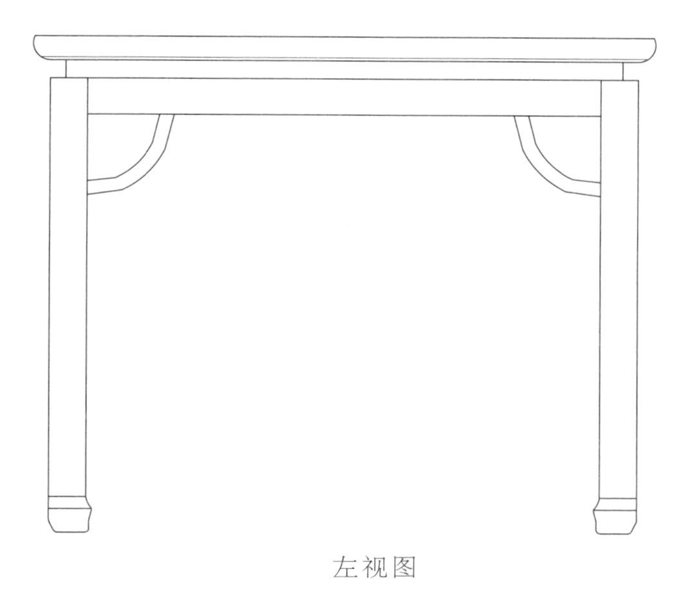

左视图

透视图

花梨方桌

名称：花梨方桌

年代：明代（清宫旧藏）

尺寸：高86厘米、长95厘米、宽95厘米

燕尾穿带

50

860

63

主视图

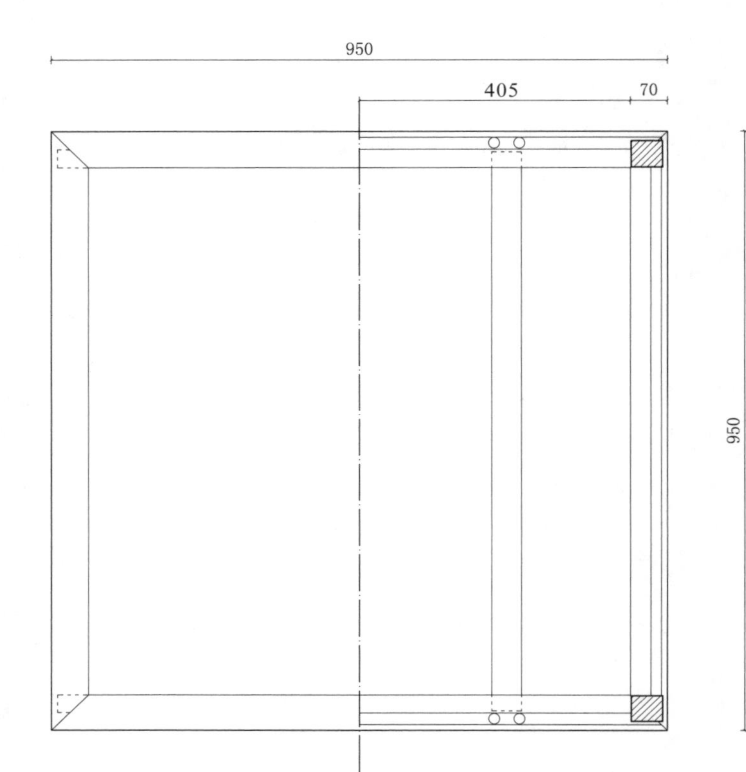
950
405
70
950

俯视图

左视图

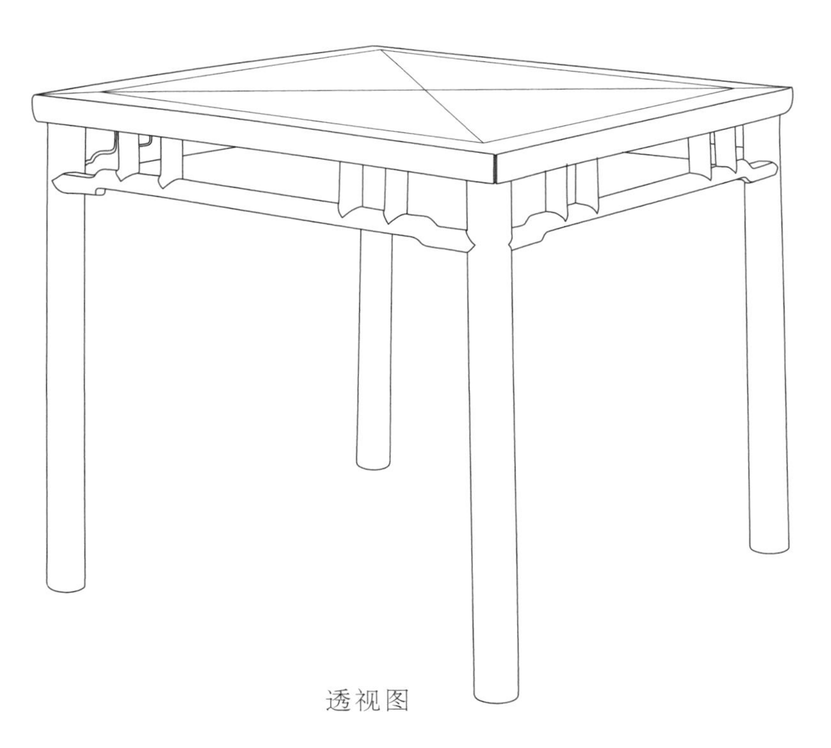

透视图

黄花梨喷面式方桌

名称：黄花梨喷面式方桌

年代：明代（清宫旧藏）

尺寸：高79厘米、长96厘米、宽96厘米

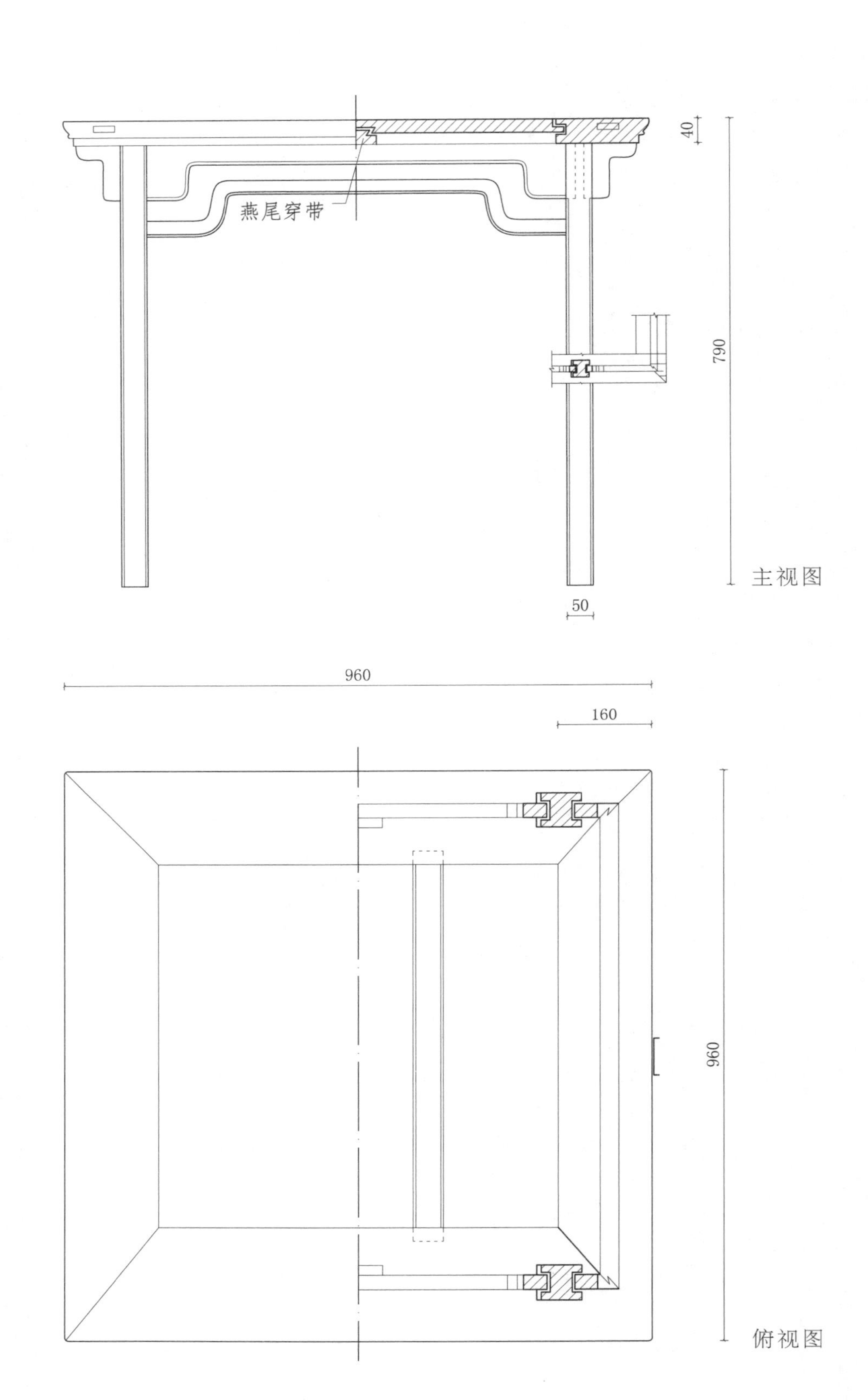
40
燕尾穿带
790
主视图
50
960
160
960
俯视图

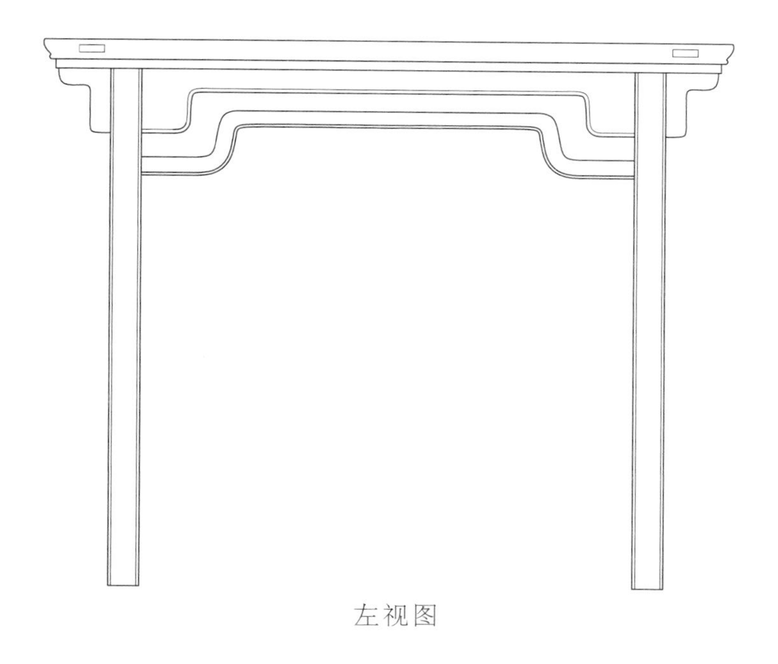
左视图

透视图

黄花梨团螭方桌

名称：黄花梨团螭方桌

年代：明代

尺寸：高87.5厘米、长92厘米、宽92厘米

燕尾穿带

30

875

50

主视图

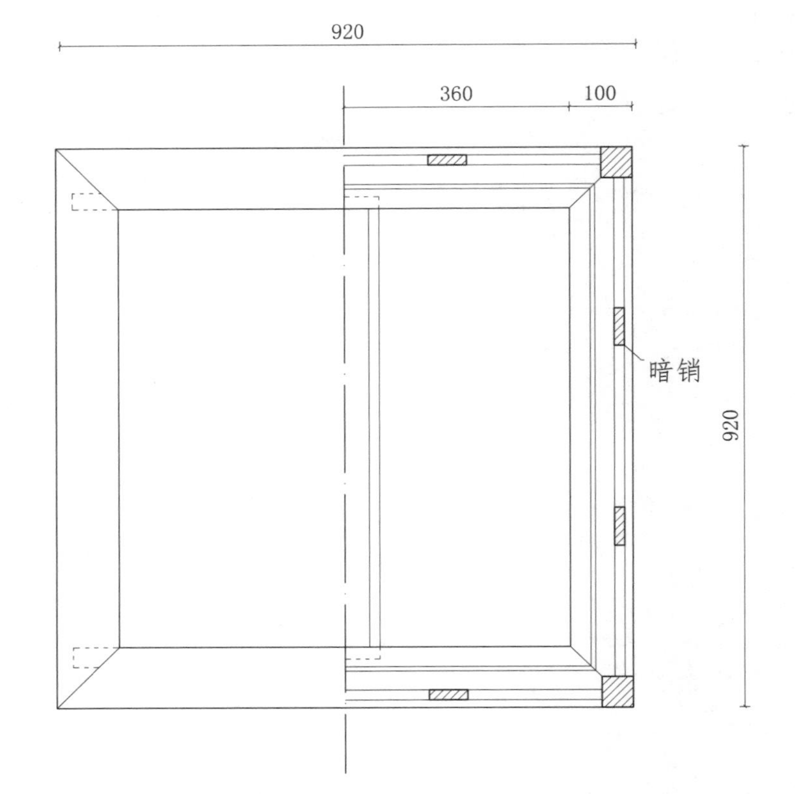
920
360
100
暗销
920

俯视图

左视图

透视图

黄花梨回纹方桌

名称：黄花梨回纹方桌
年代：明代
尺寸：高86.5厘米、长93厘米、宽93厘米

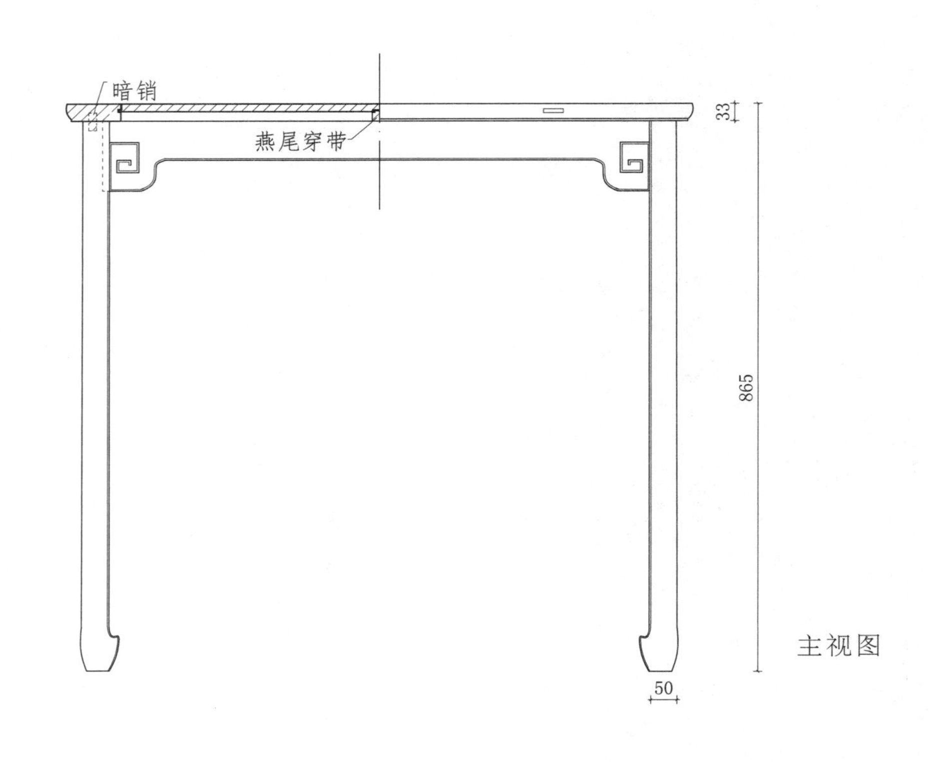
暗销
燕尾穿带
33
865
50
主视图

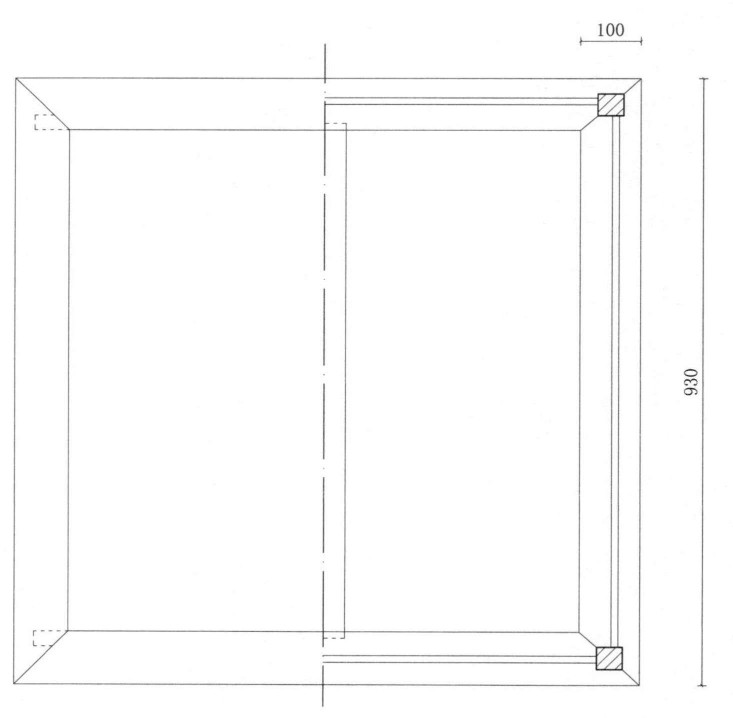
930
100
930
俯视图

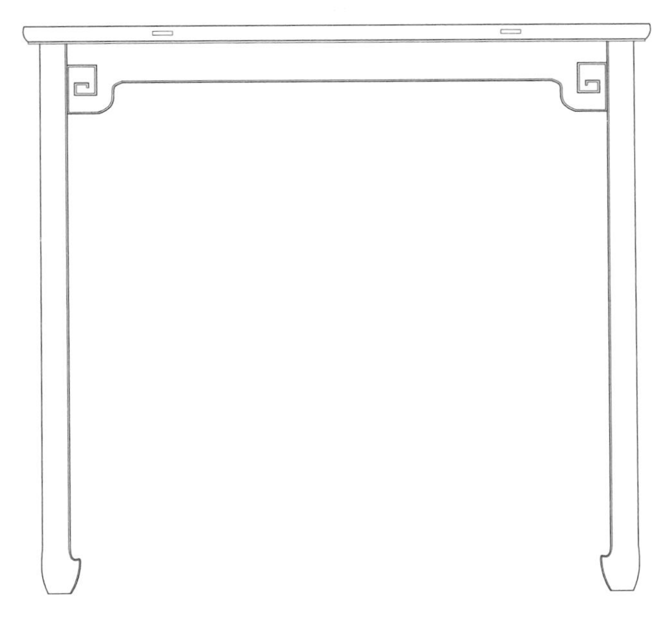

左视图

透视图

黄花梨螭纹方桌

名称：黄花梨螭纹方桌
年代：清代早期（清宫旧藏）
尺寸：高81.5厘米、长82.5厘米、宽82.5厘米

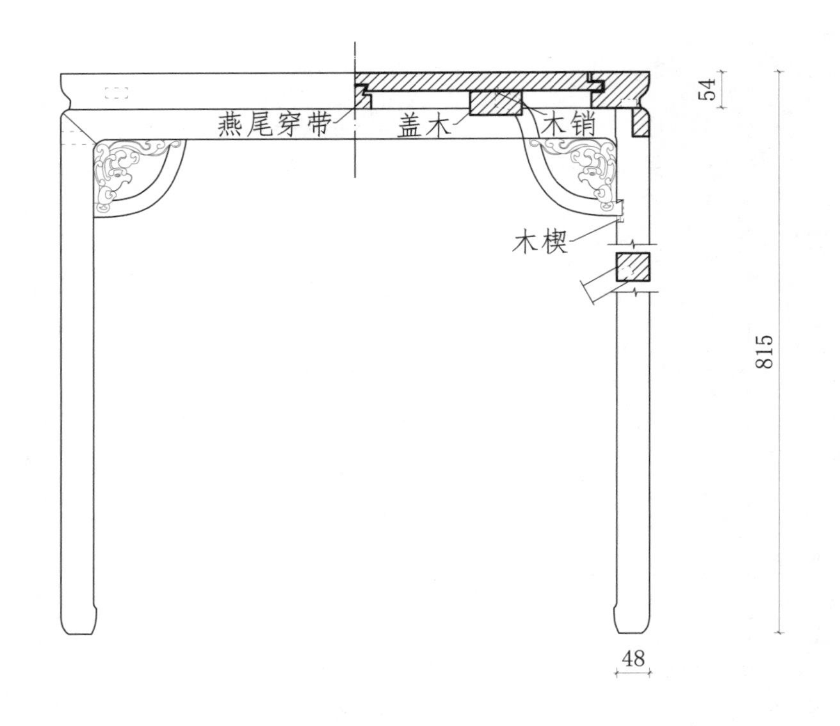
燕尾穿带
盖木
木销
木楔
54
815
48
主视图

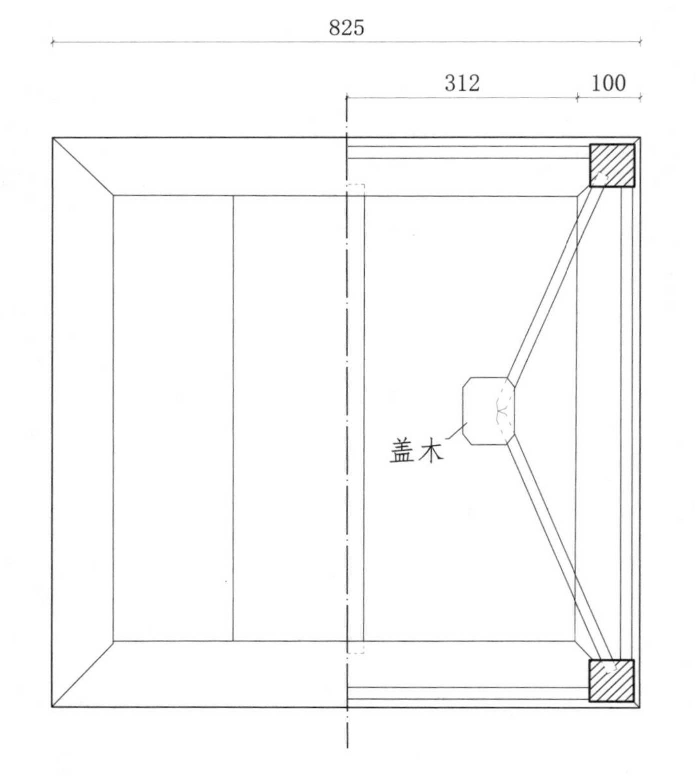
825
312
100
盖木
825
俯视图

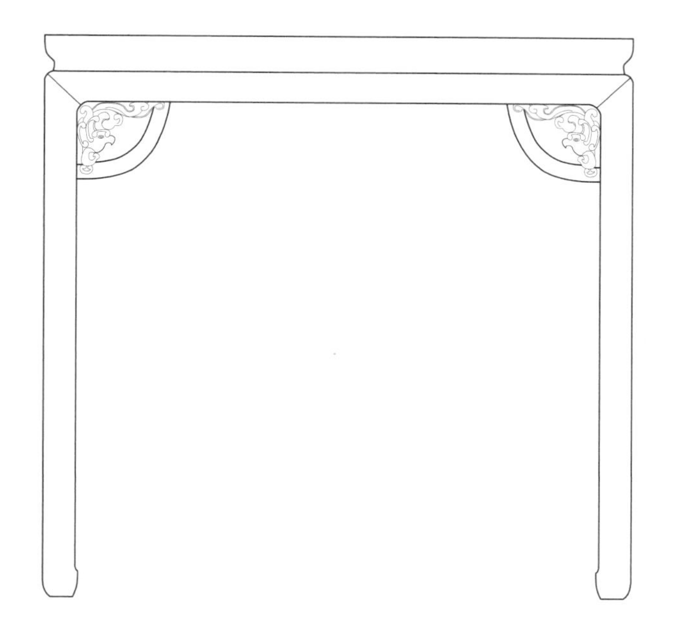

左视图

透视图

紫檀夔纹暗屉方桌

名称：紫檀夔纹暗屉方桌

年代：明代

尺寸：高87厘米、长96.5厘米、宽96.5厘米

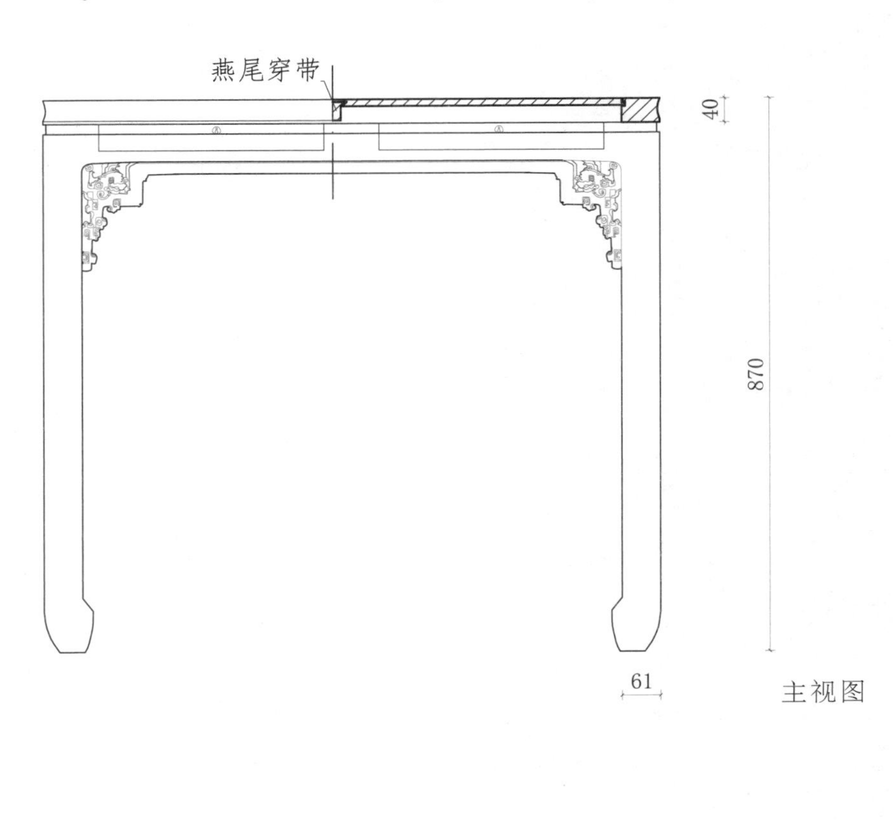

燕尾穿带
40
870
61

主视图

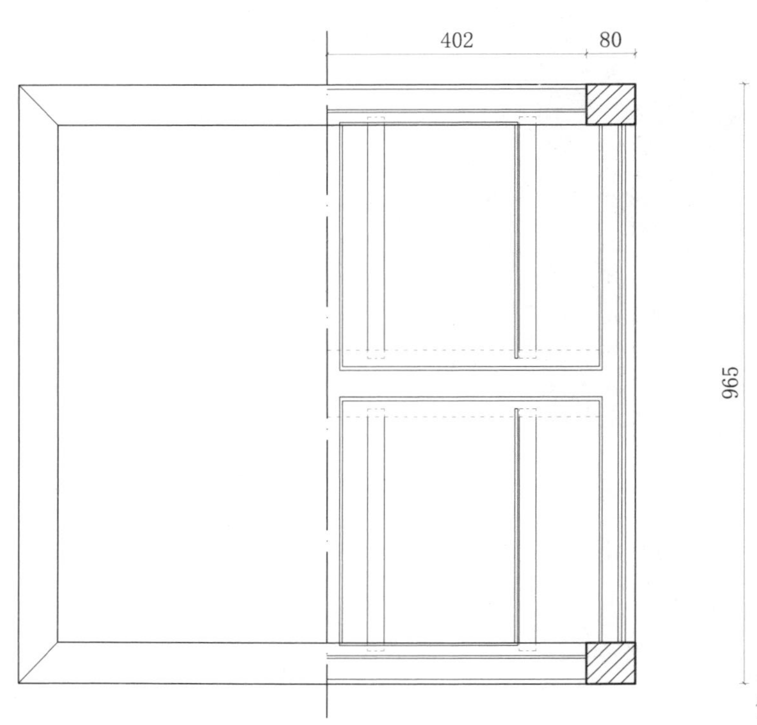

965
402
80
965

俯视图

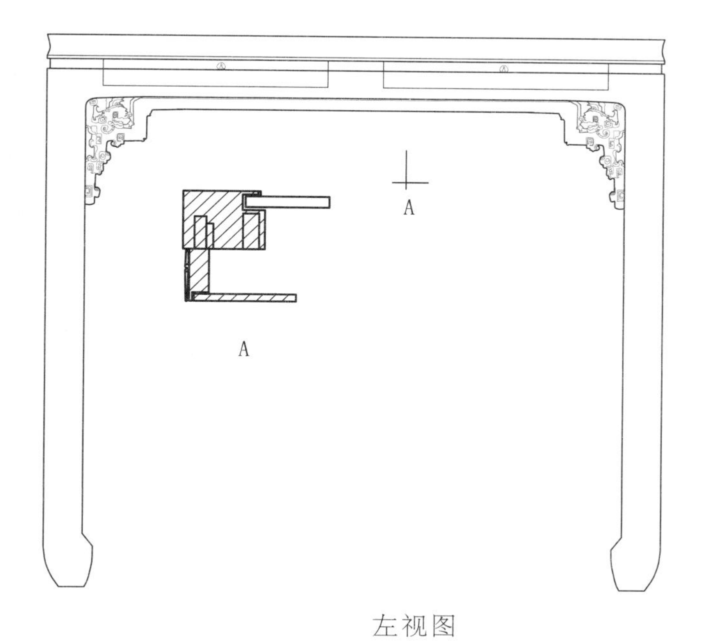
A
A

左视图

透视图

黄花梨云头形铜包角长桌

名称：黄花梨云头形铜包角长桌
年代：明代末清代初
尺寸：高85厘米、长96厘米、宽47.5厘米

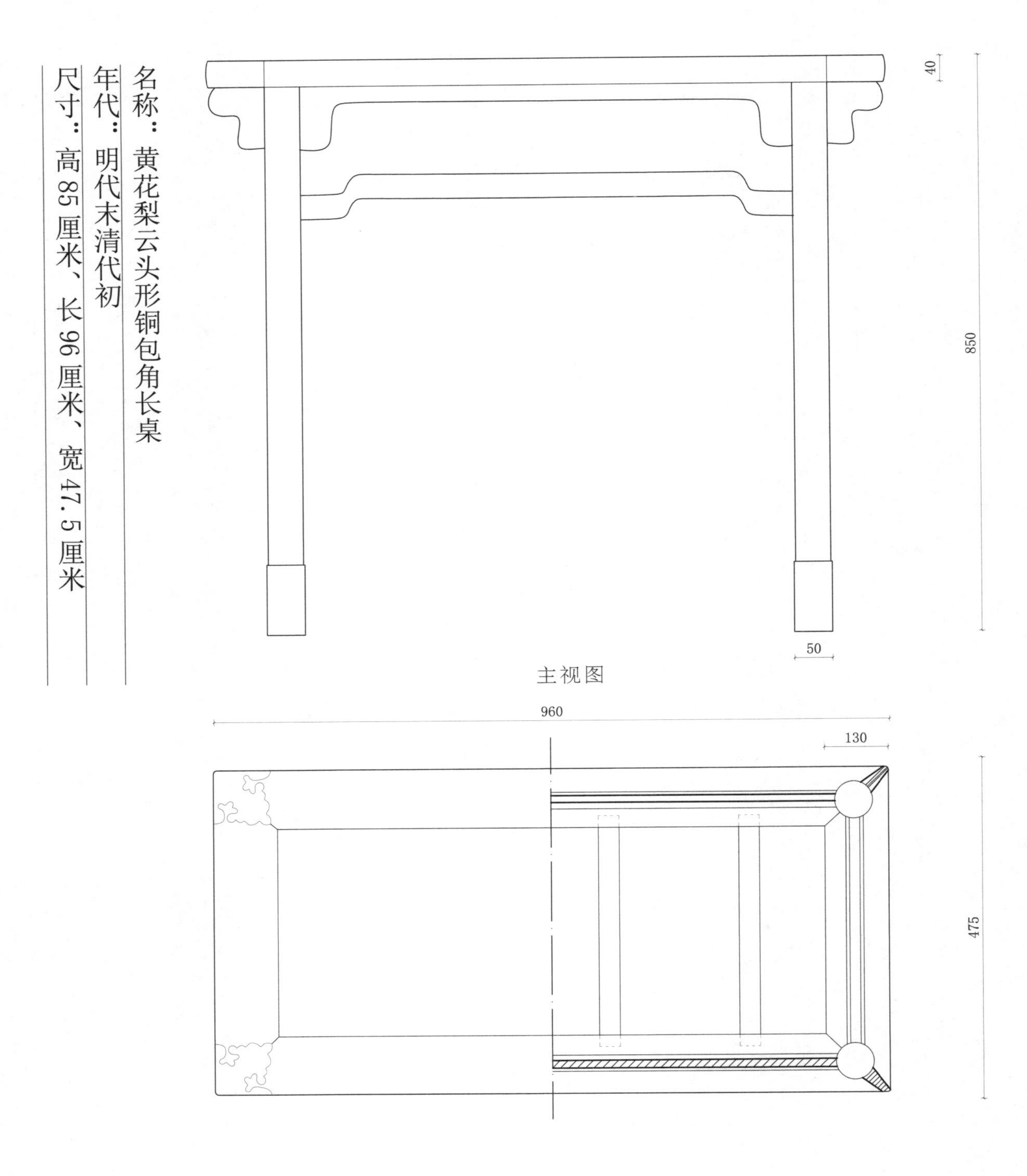

40
850
50
960
130
475

主视图

俯视图

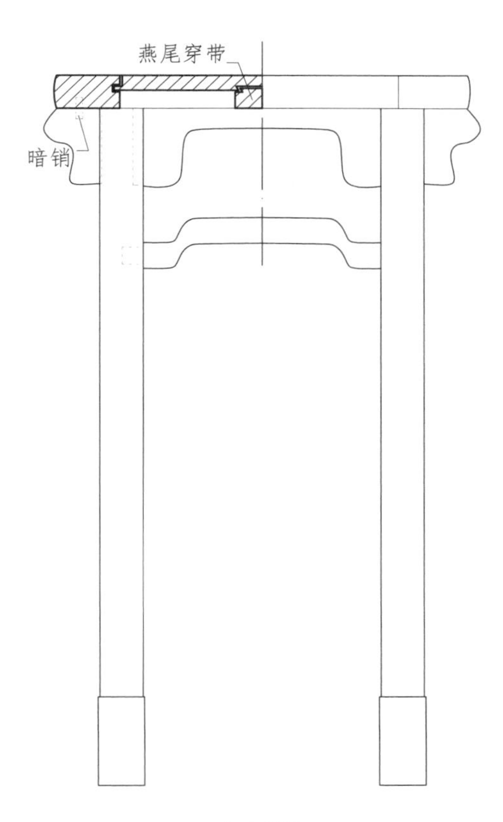
燕尾穿带
暗销

左视图

黄花梨螭纹长桌

名称：黄花梨螭纹长桌

年代：清代早期

尺寸：高81.5厘米、长103.5厘米、宽83.5厘米

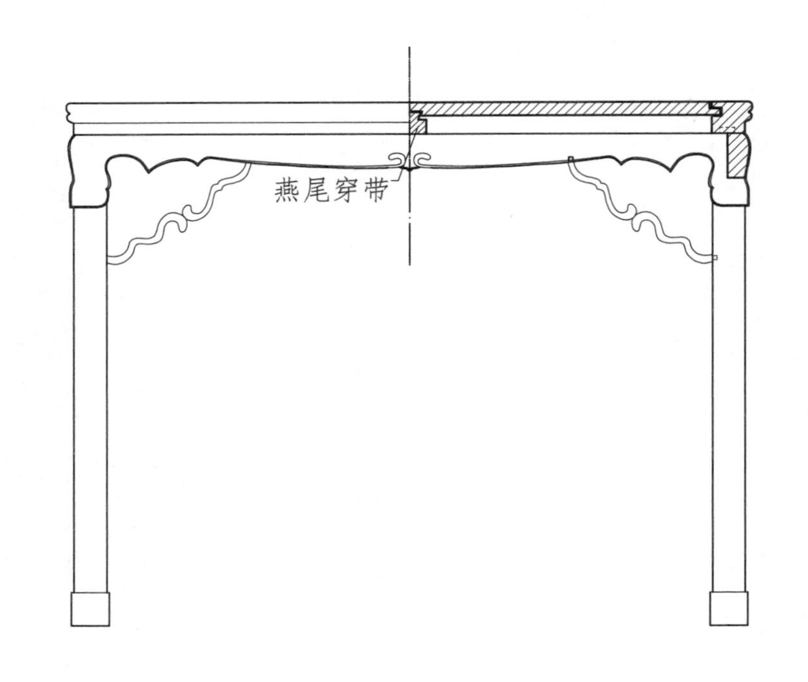
燕尾穿带
815

主视图

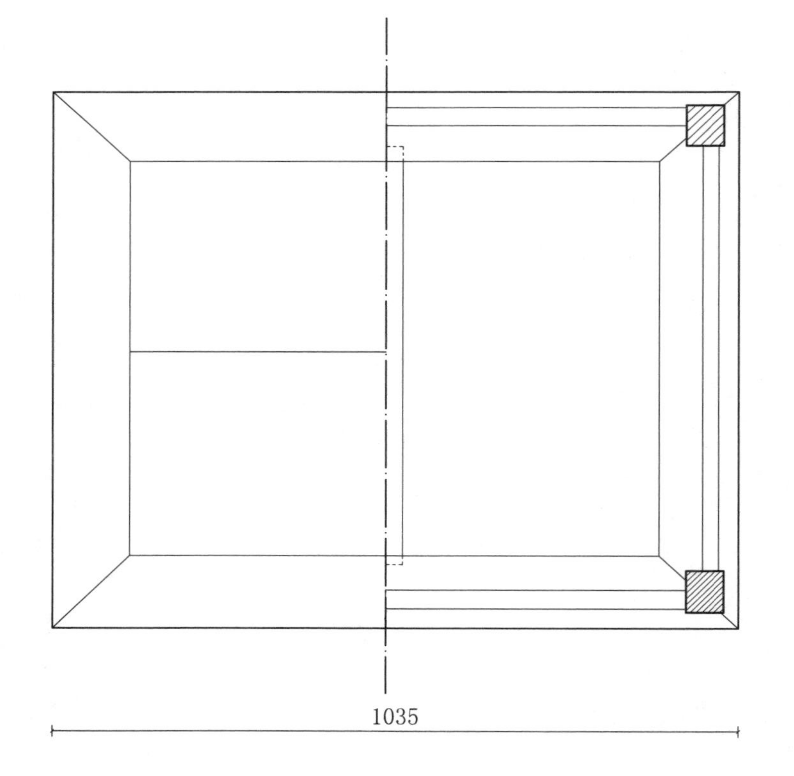
835
1035

俯视图

左视图

透视图

紫檀团螭纹两屉长桌

名称：紫檀团螭纹两屉长桌
年代：明代
尺寸：高88厘米、长98.5厘米、宽49.5厘米

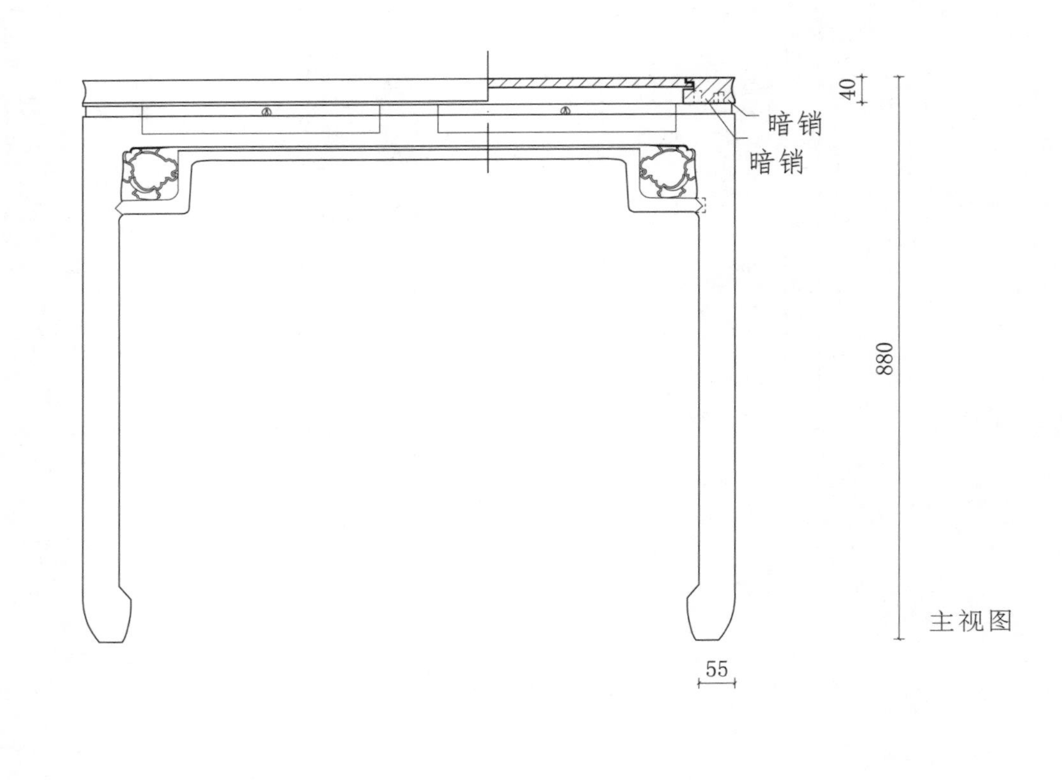

40
暗销
暗销
880
55

主视图

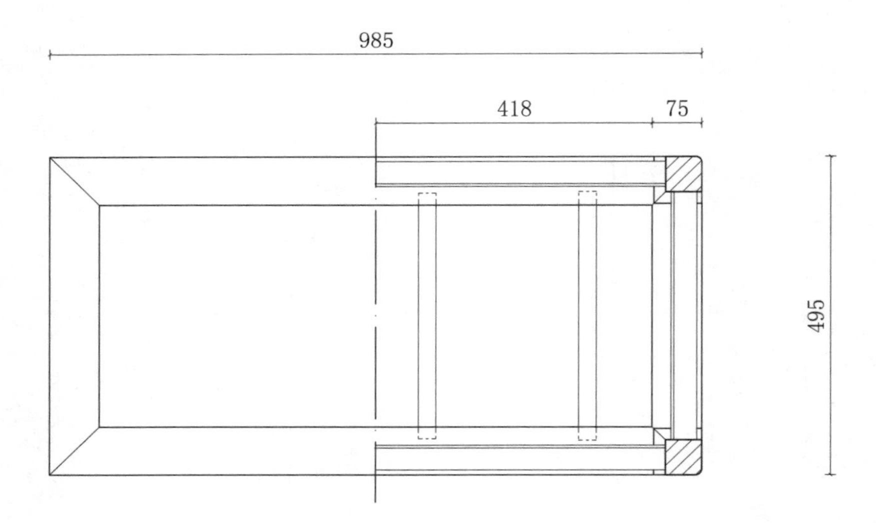

985
418
75
495

俯视图

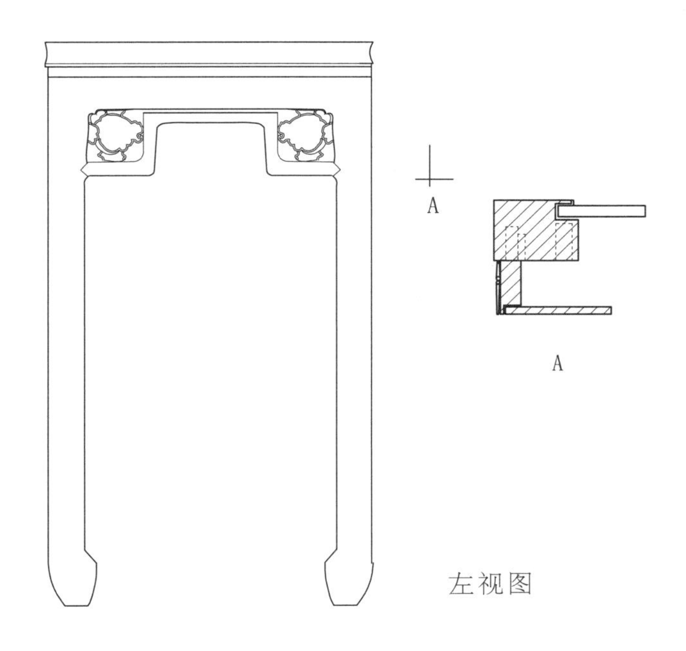
A
A

左视图

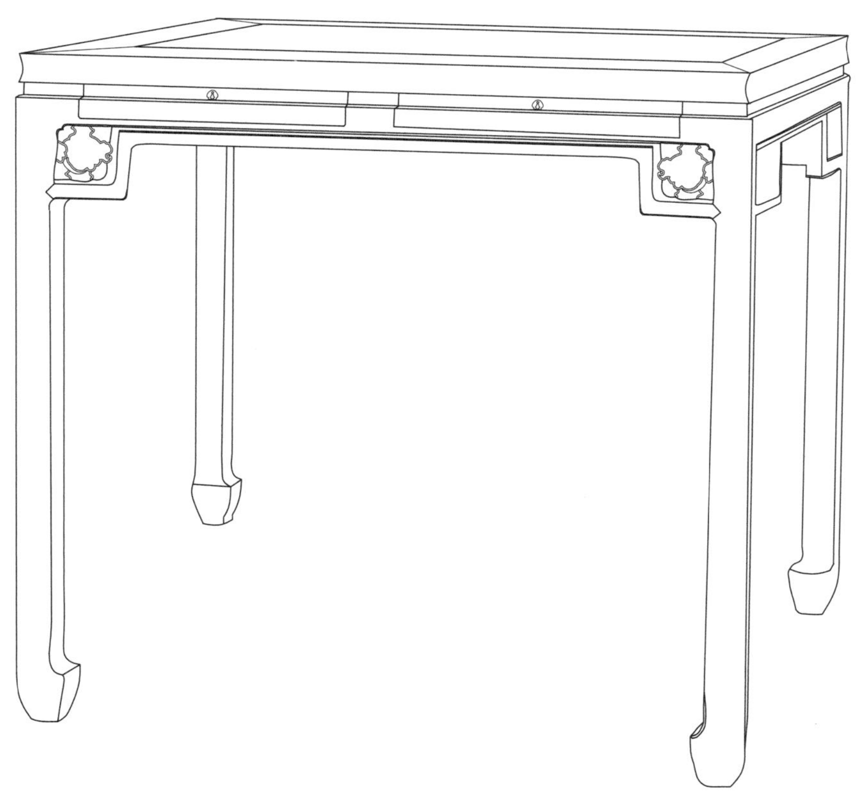

透视图

黄花梨小长桌

名称：黄花梨小长桌

年代：明代（清宫旧藏）

尺寸：高88厘米、长99.5厘米、宽51.5厘米

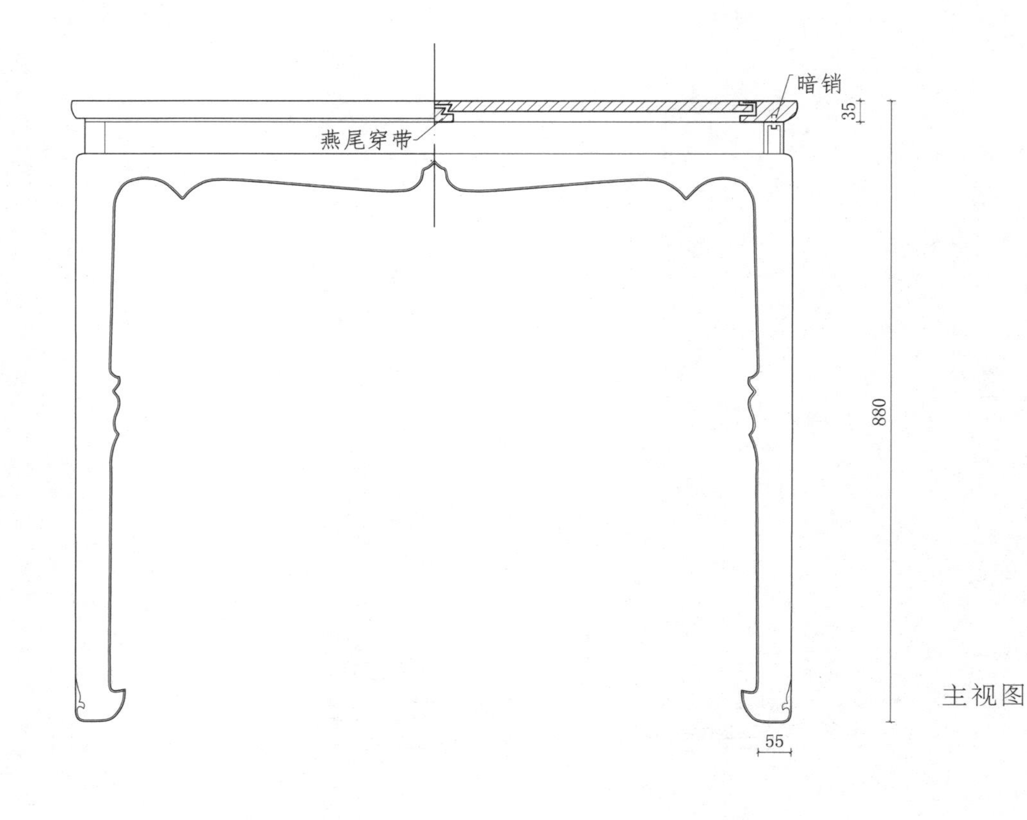
暗销
35
燕尾穿带
880
55

主视图

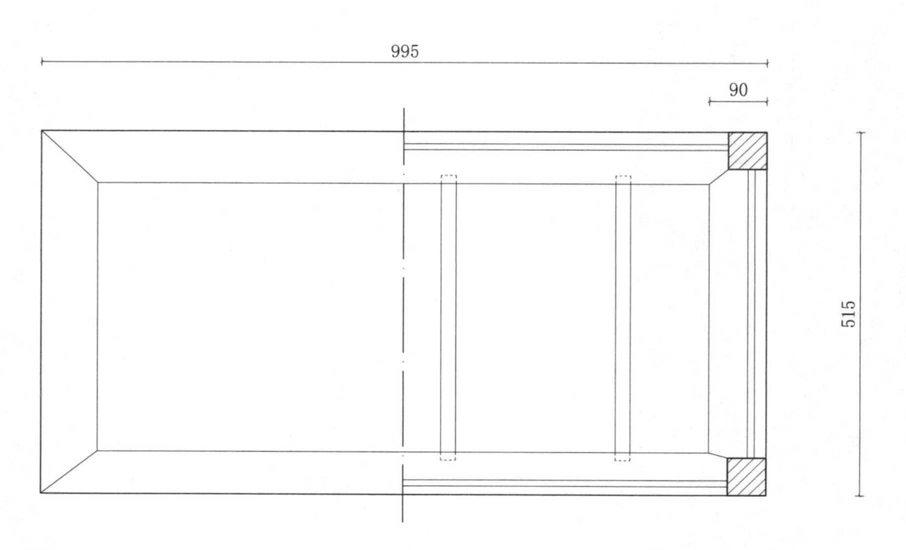
995
90
515

俯视图

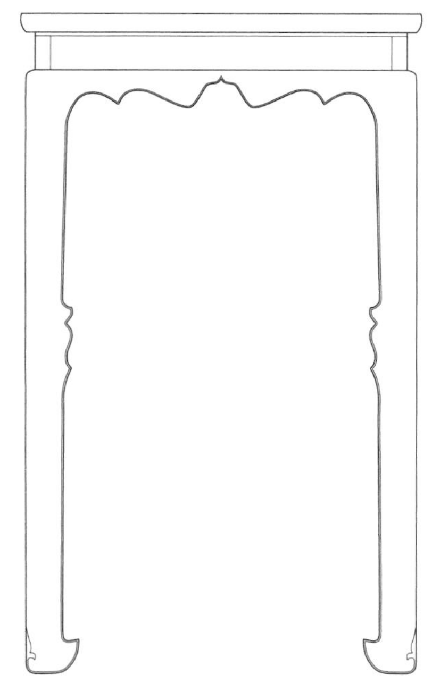

左视图

透视图

紫檀长桌

名称：紫檀长桌

年代：明代（清宫旧藏）

尺寸：高88.5厘米、长231厘米、宽69厘米

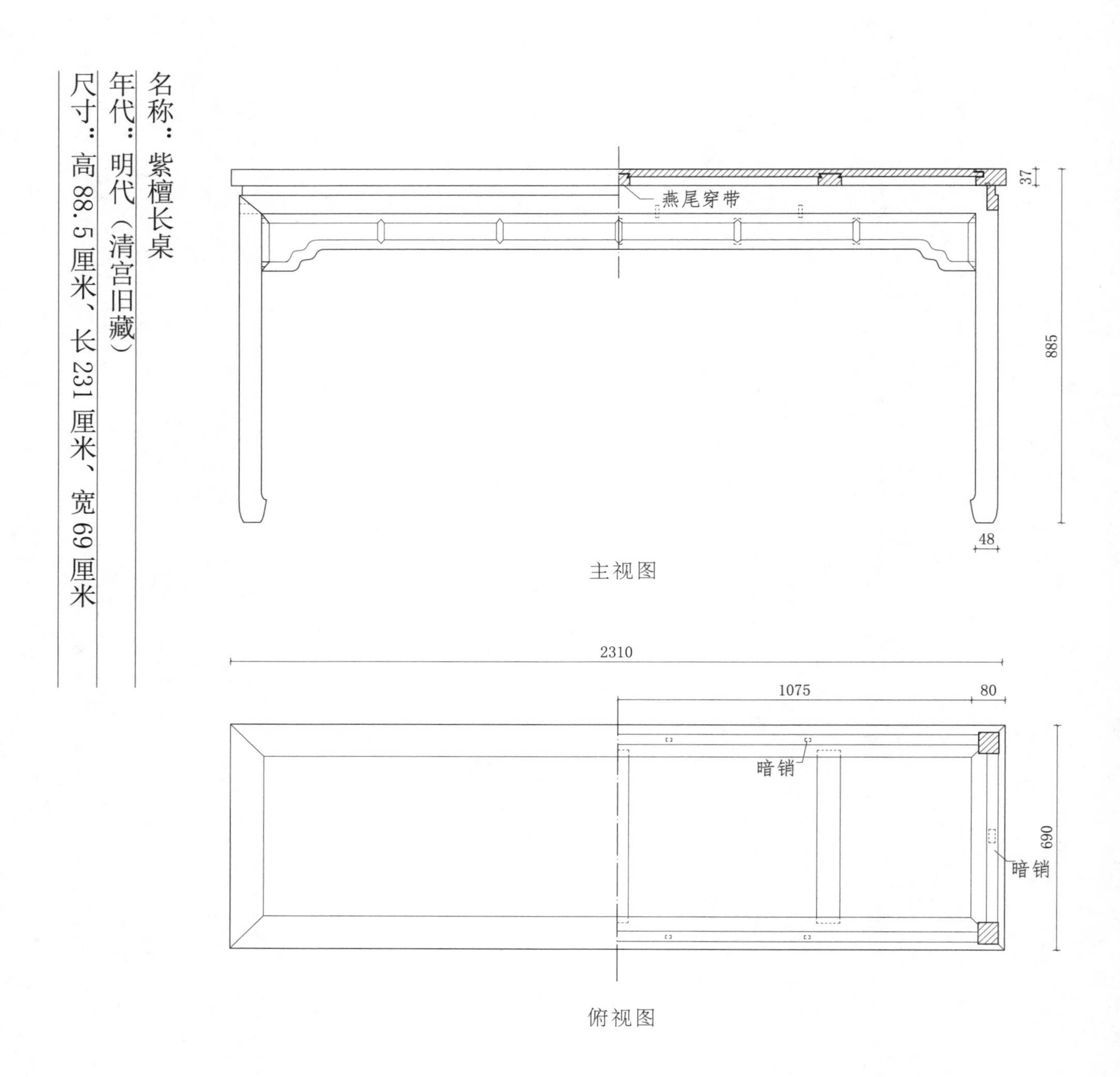
燕尾穿带
37
885
48
2310
1075
80
暗销
暗销
690

主视图

俯视图

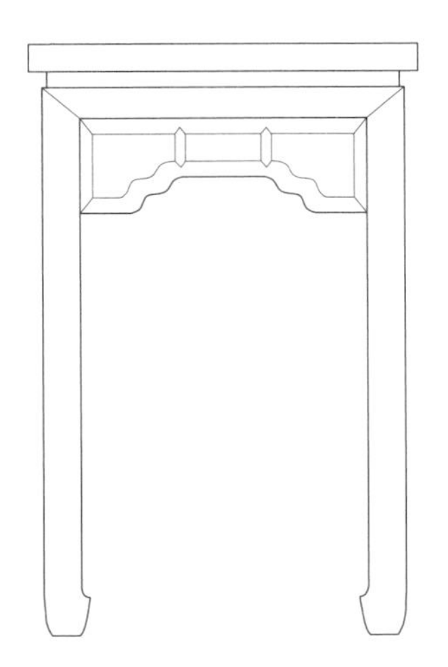

左视图

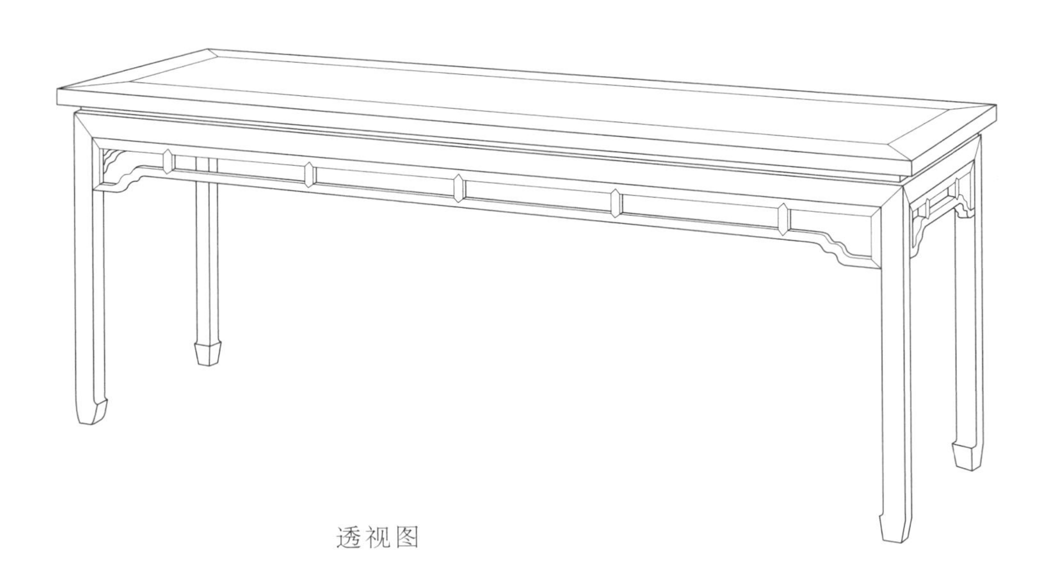

透视图

紫檀长桌

名称：紫檀长桌
年代：明代（清宫旧藏）
尺寸：高81.5厘米、长105.5厘米、宽35.5厘米

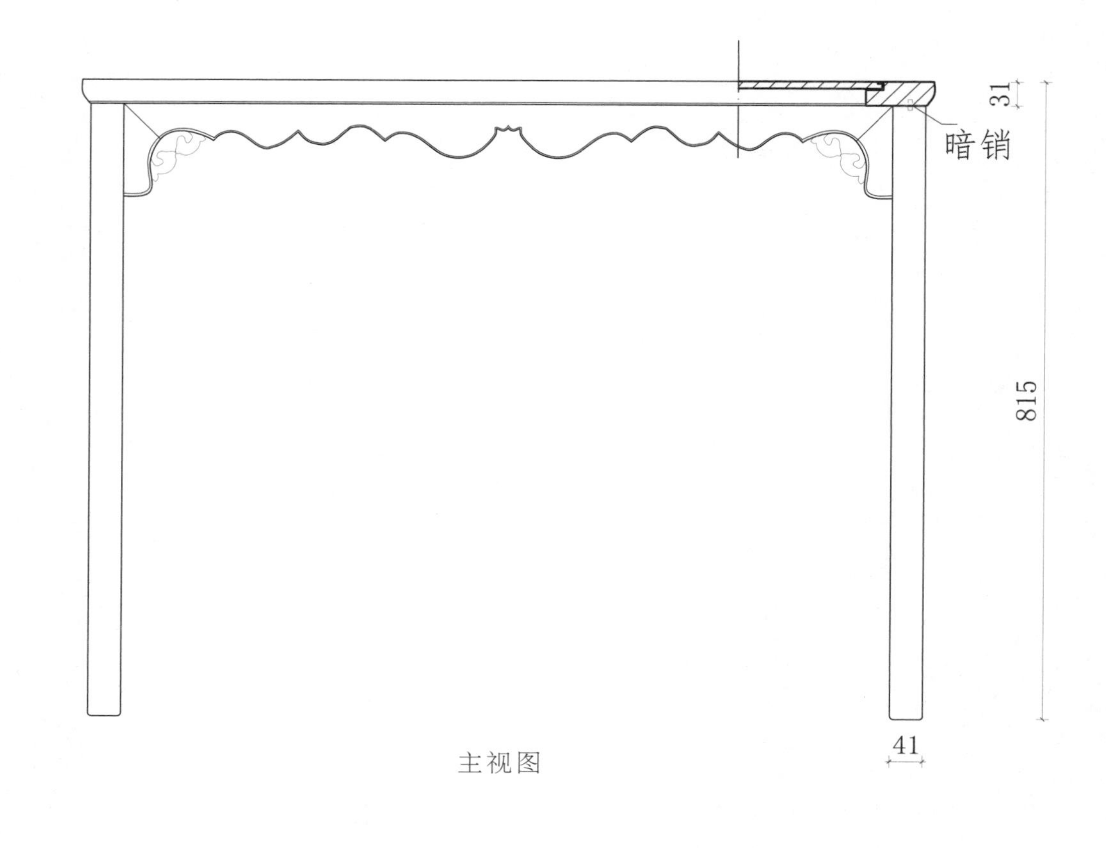
31
暗销
815
41
主视图

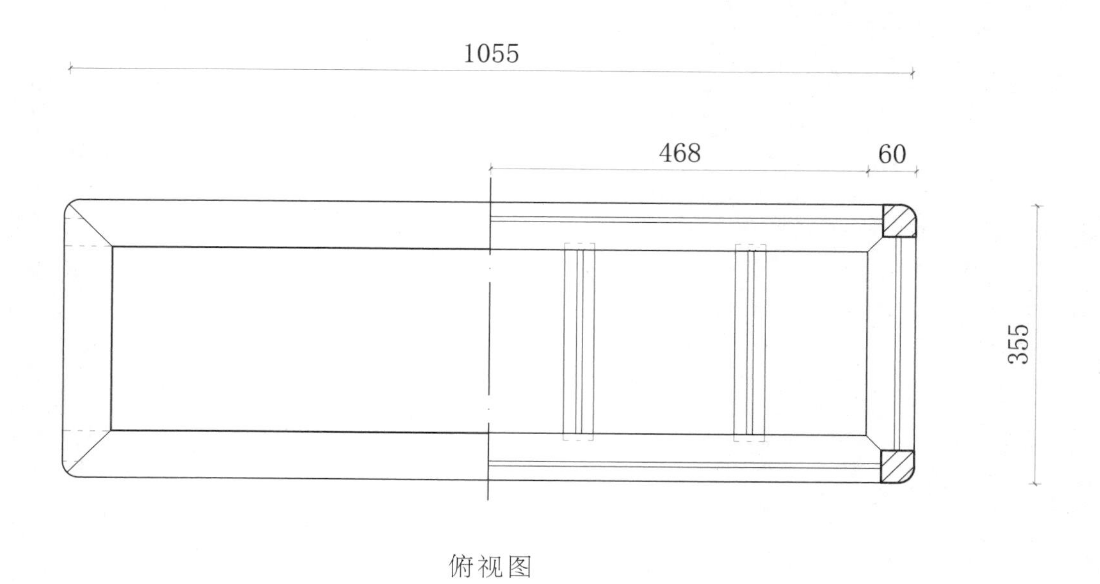
1055
468
60
355
俯视图

左视图

透视图

花梨嵌石面长桌

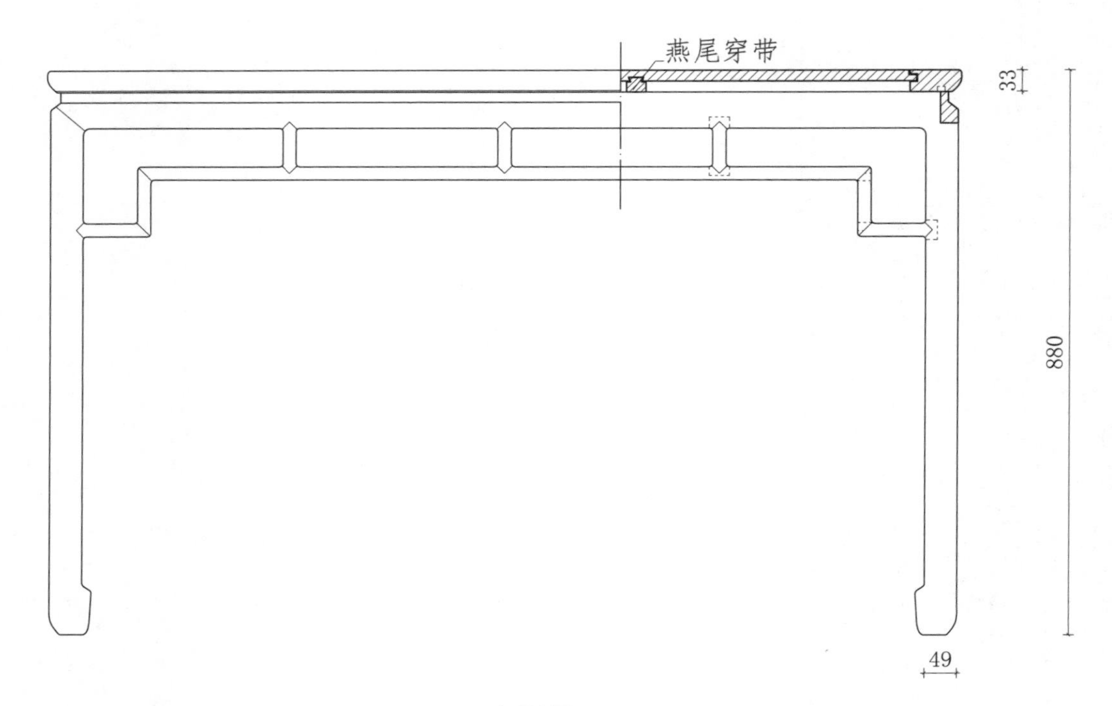
燕尾穿带
33
880
49

主视图

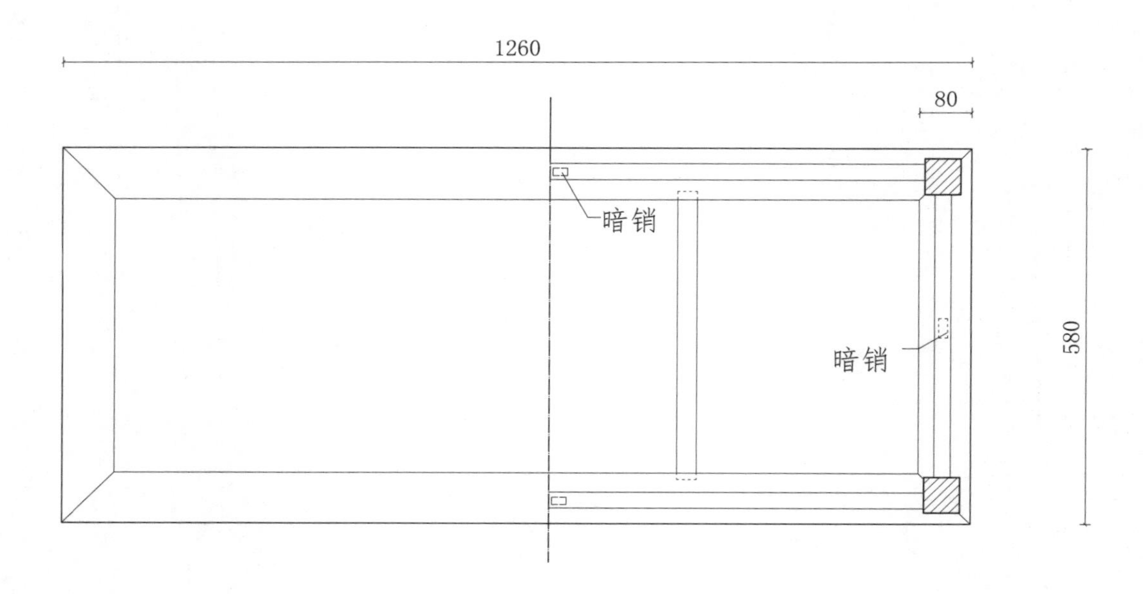
1260
80
暗销
暗销
580

俯视图

名称：花梨嵌石面长桌
年代：明代（清宫旧藏）
尺寸：高88厘米、长126厘米、宽58厘米

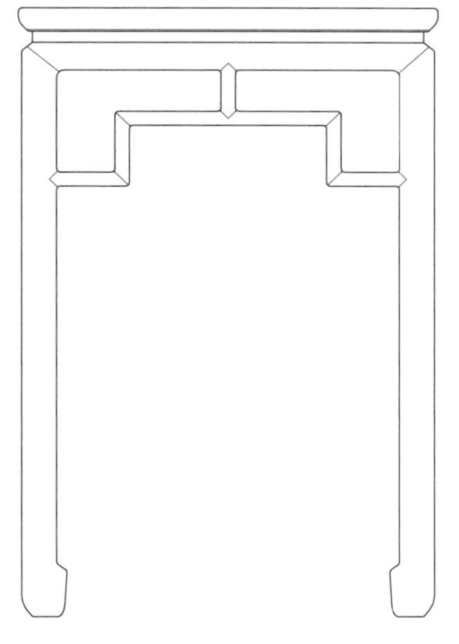

左视图

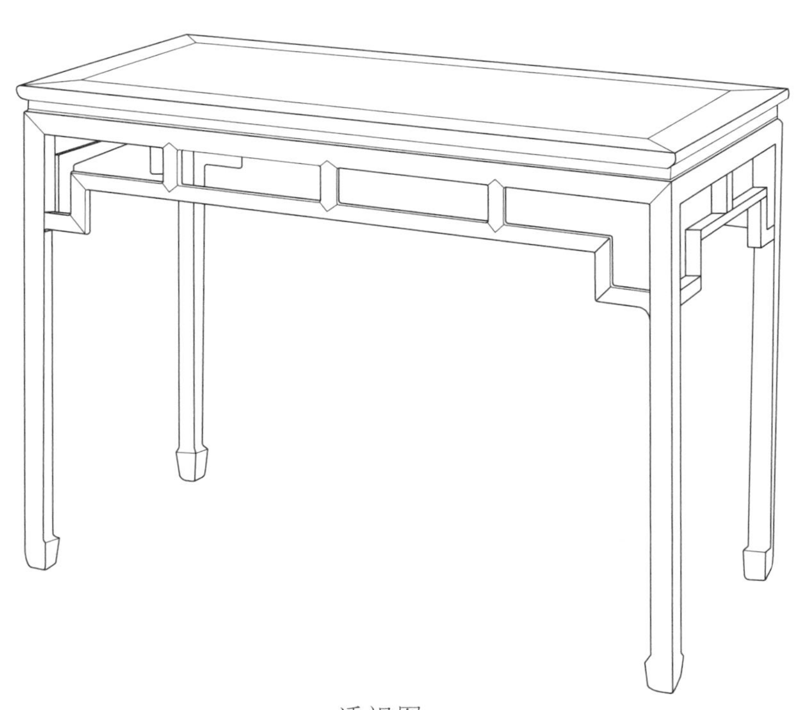

透视图

黄花梨螭纹小长桌

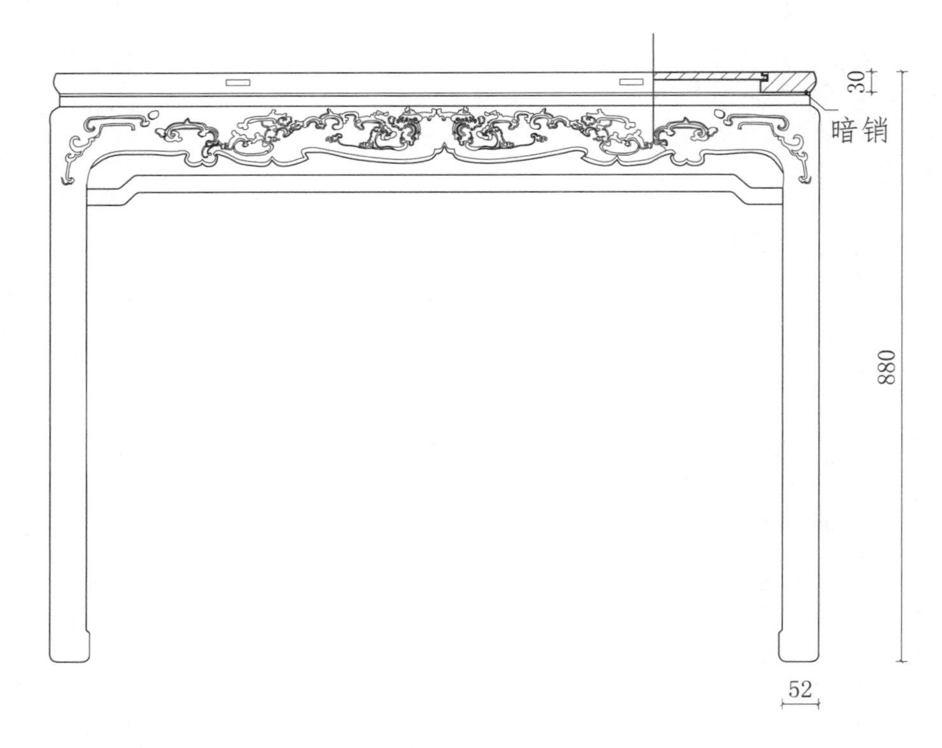
30
暗销
880
52

主视图

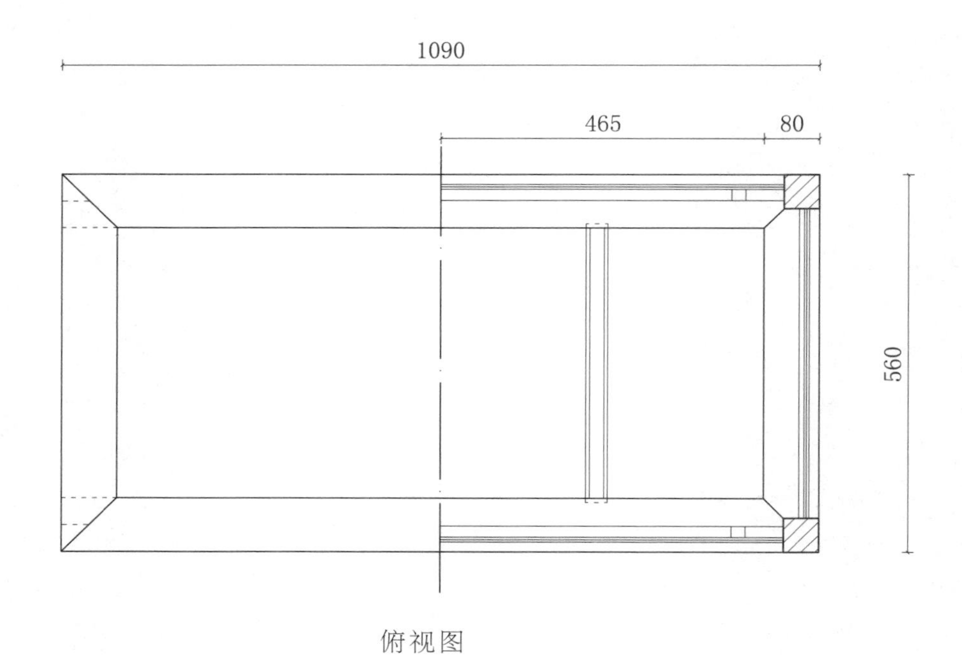
1090
465
80
560

俯视图

名称：黄花梨螭纹小长桌
年代：明代（清宫旧藏）
尺寸：高88厘米、长109厘米、宽56厘米

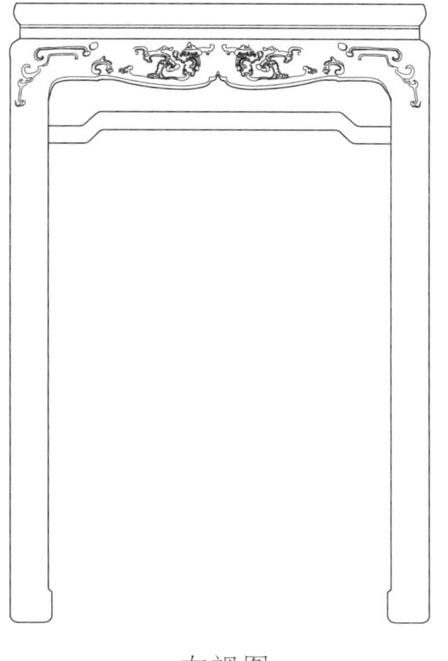
左视图

透视图

紫漆长方桌

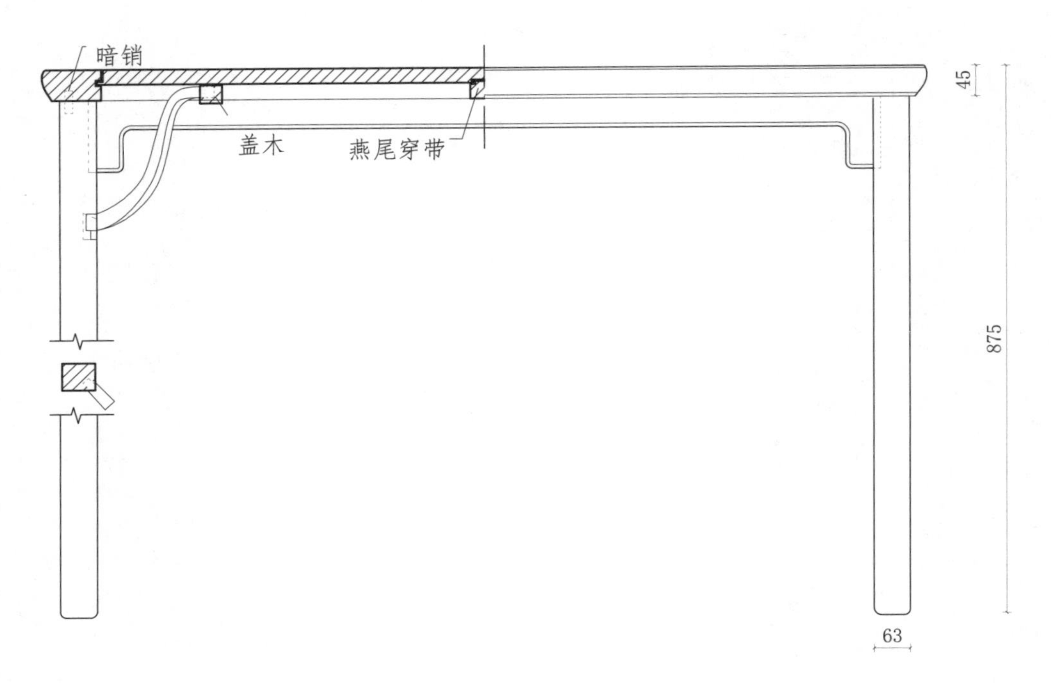
暗销
盖木
燕尾穿带
45
875
63

主视图

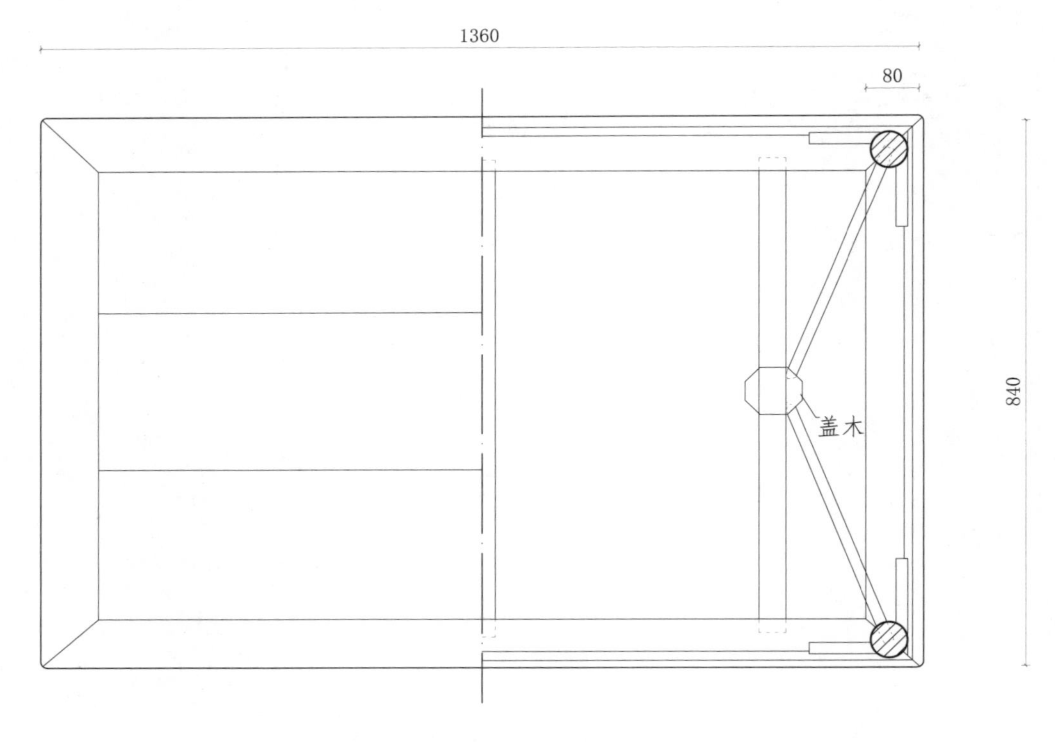
1360
80
盖木
840

俯视图

名称：紫漆长方桌

年代：明代（清宫旧藏）

尺寸：高88厘米、长136厘米、宽84厘米

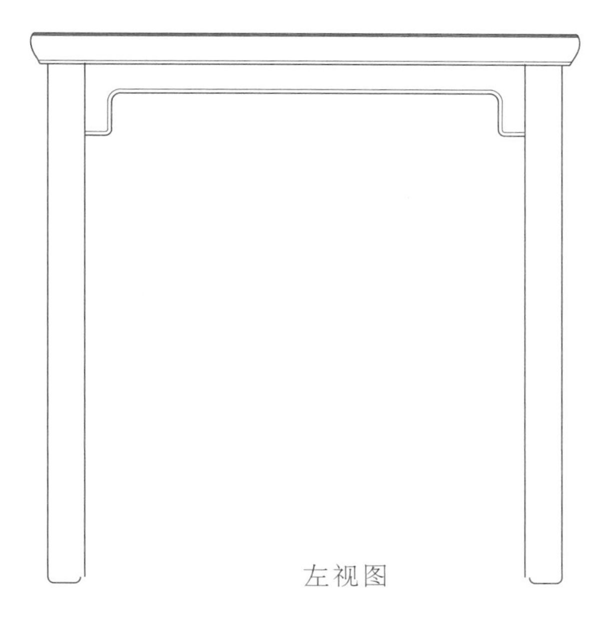

左视图

透视图

黄花梨长桌

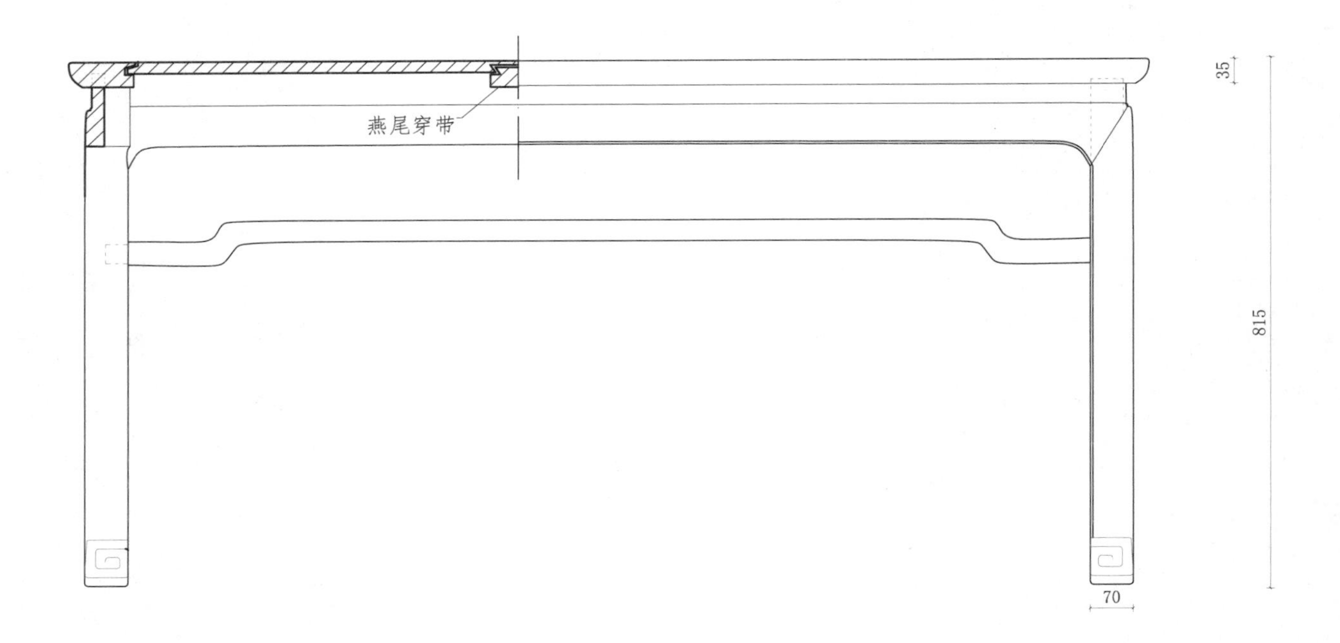
燕尾穿带
35
815
70

主视图

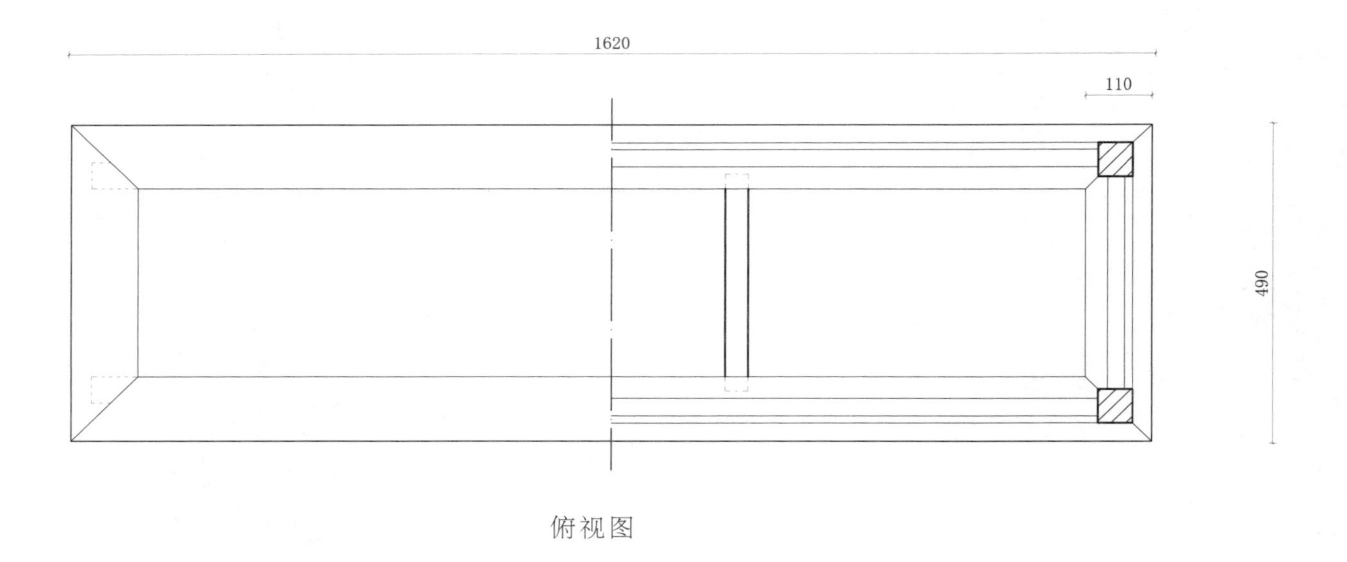
1620
110
490

俯视图

名称：黄花梨长桌

年代：清代早期

尺寸：高 81.5 厘米、长 162 厘米、宽 49 厘米

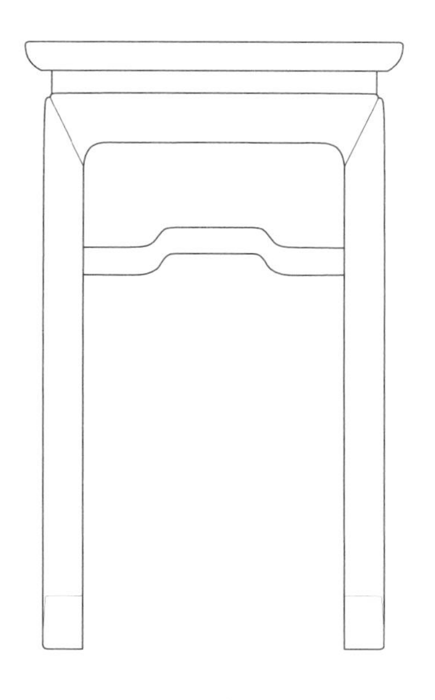

左视图

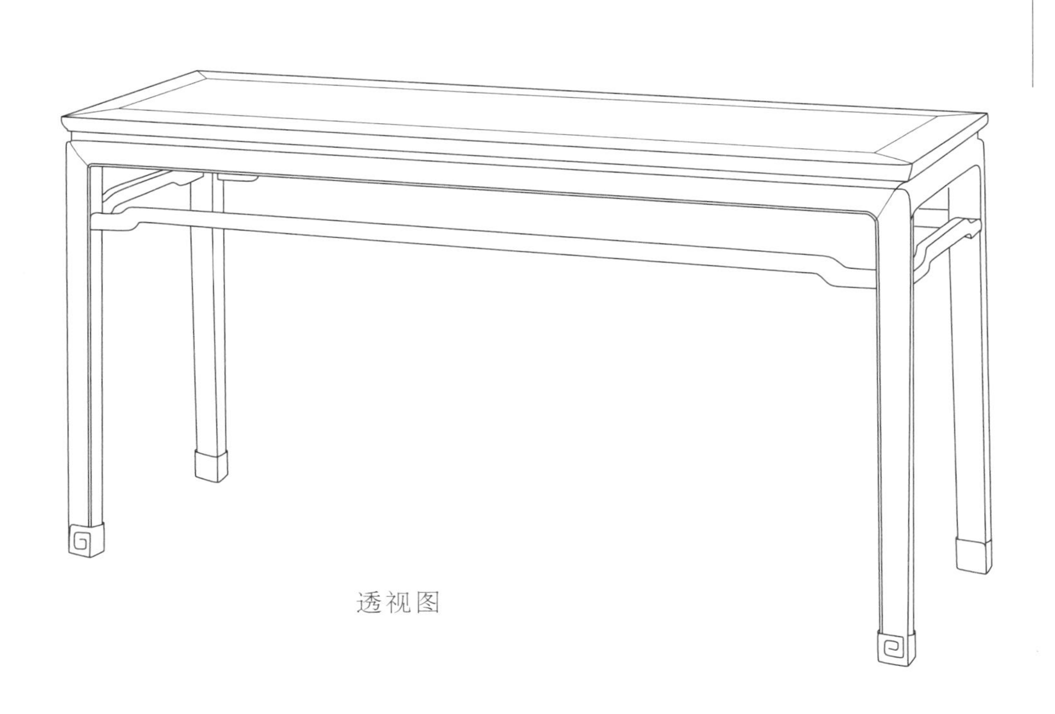

透视图

紫檀小长桌

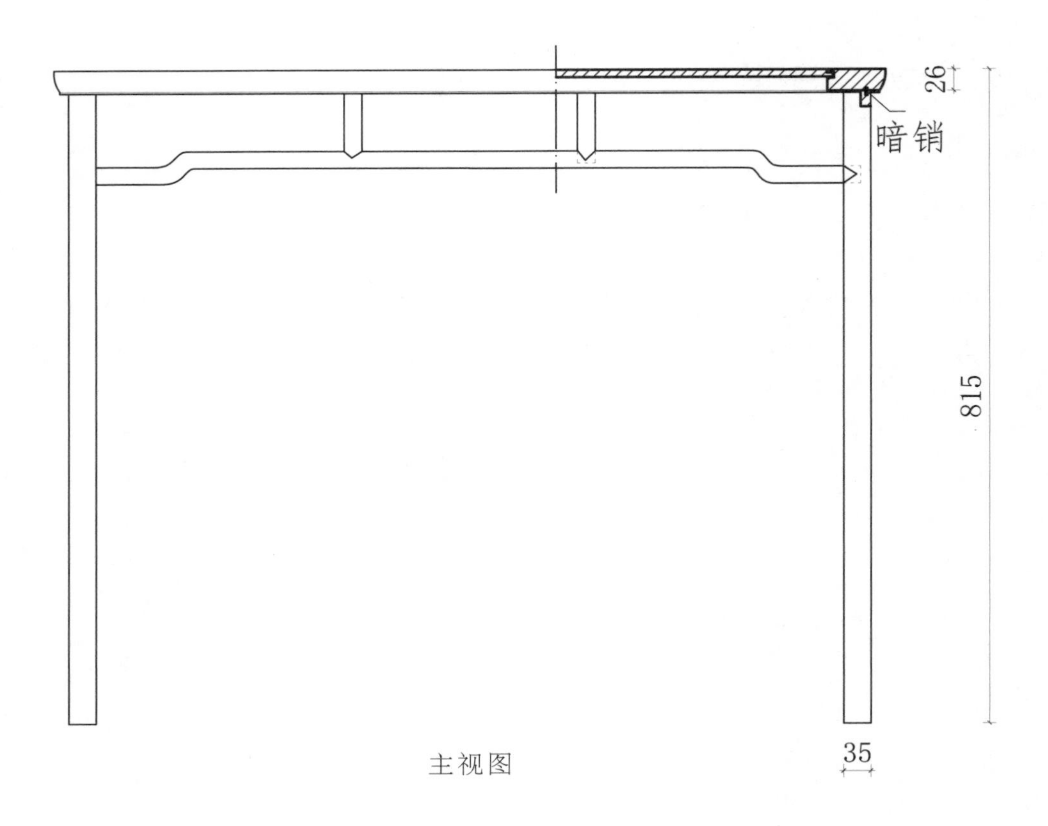
26
暗销
815
35
主视图

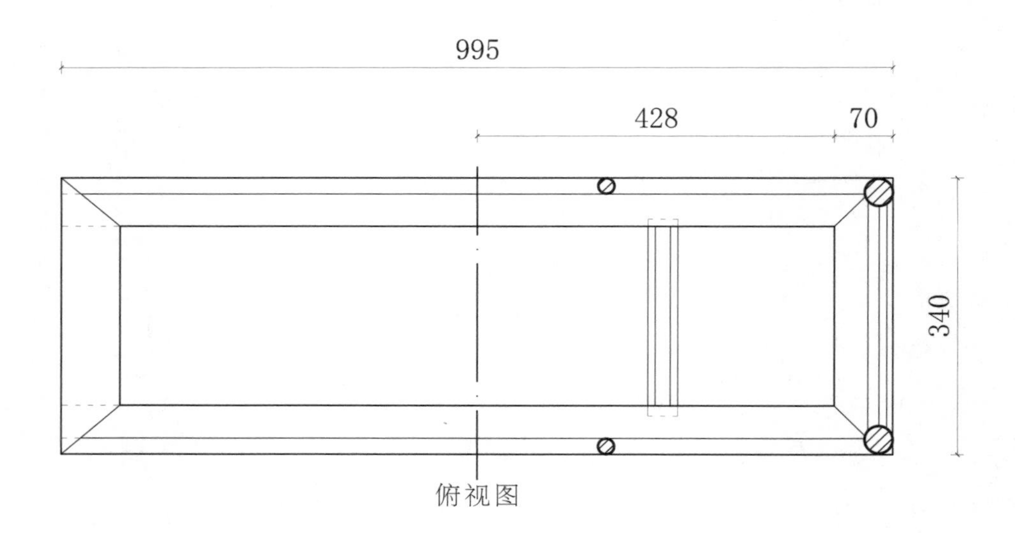
995
428
70
340
俯视图

名称：紫檀小长桌

年代：清代早期（清宫旧藏）

尺寸：高 81.5 厘米、长 99.5 厘米、宽 34 厘米

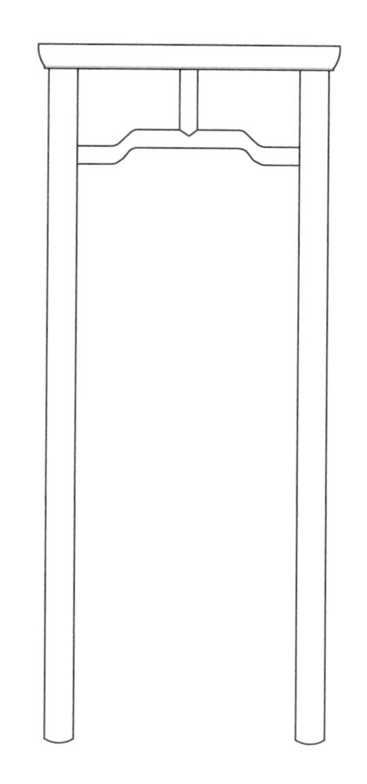
左视图

透视图

黄花梨画桌

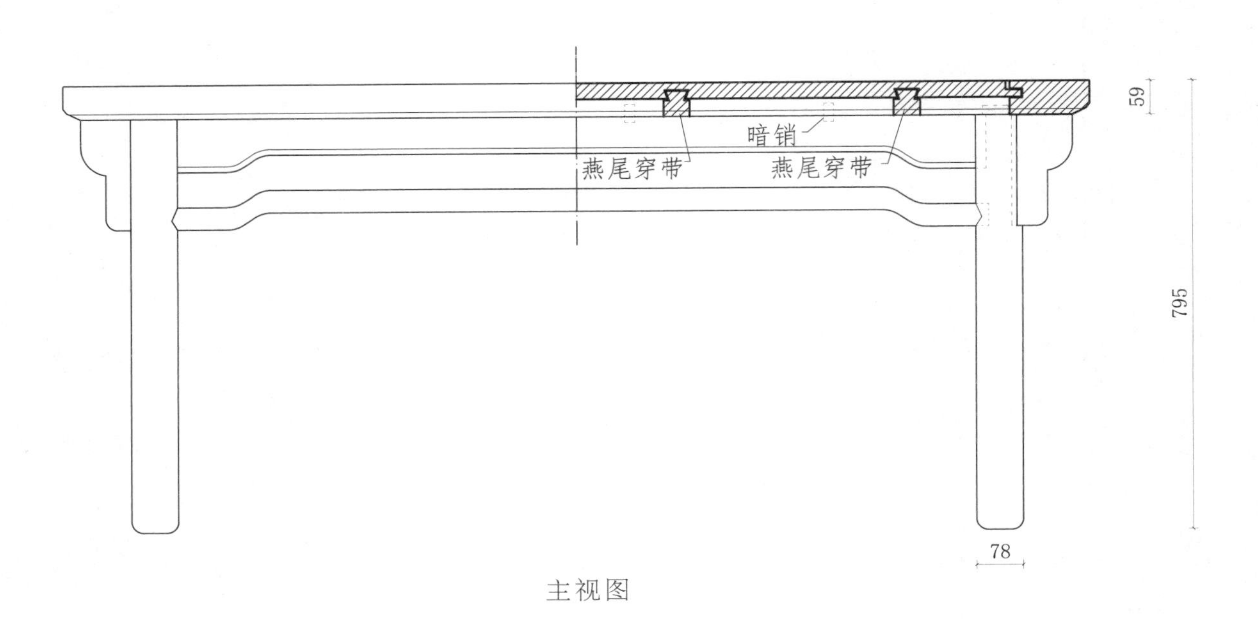
暗销
燕尾穿带
燕尾穿带
59
795
78

主视图

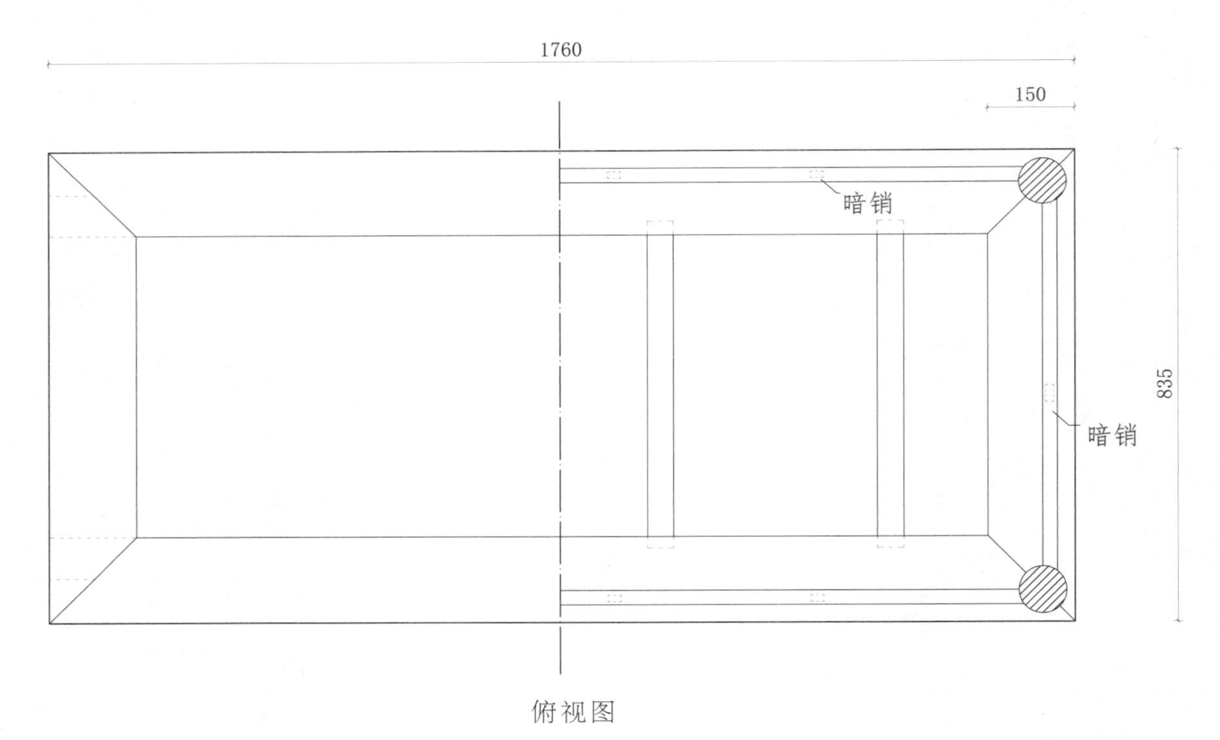
1760
150
暗销
835
暗销

俯视图

名称：黄花梨画桌
年代：明代
尺寸：高 79.5 厘米、长 176 厘米、宽 83.5 厘米

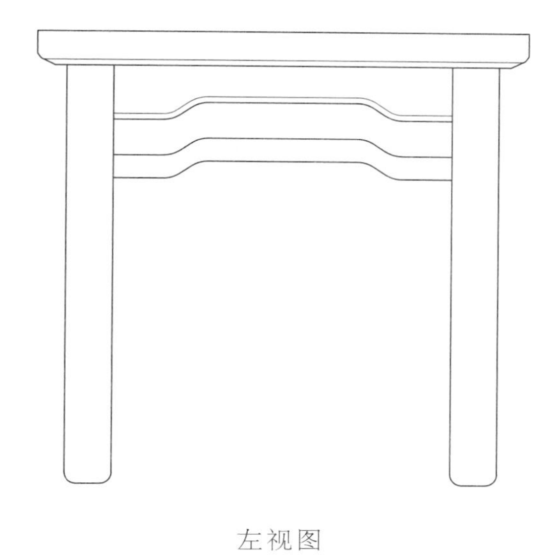
左视图

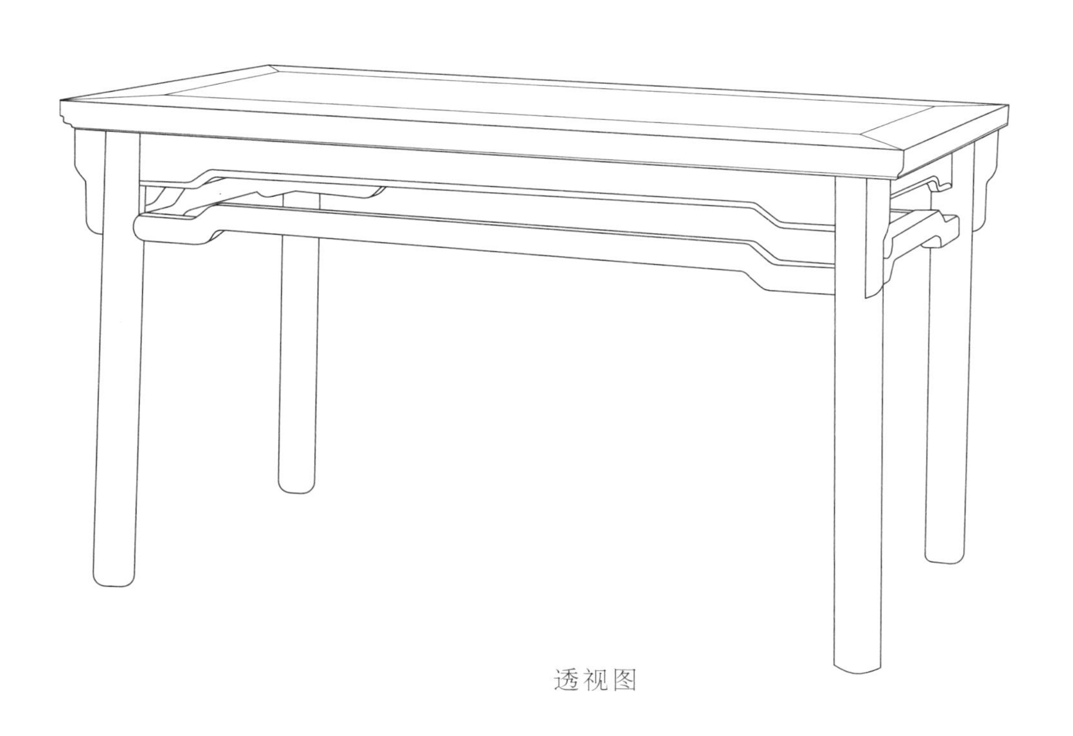
透视图

黄花梨云头纹条案

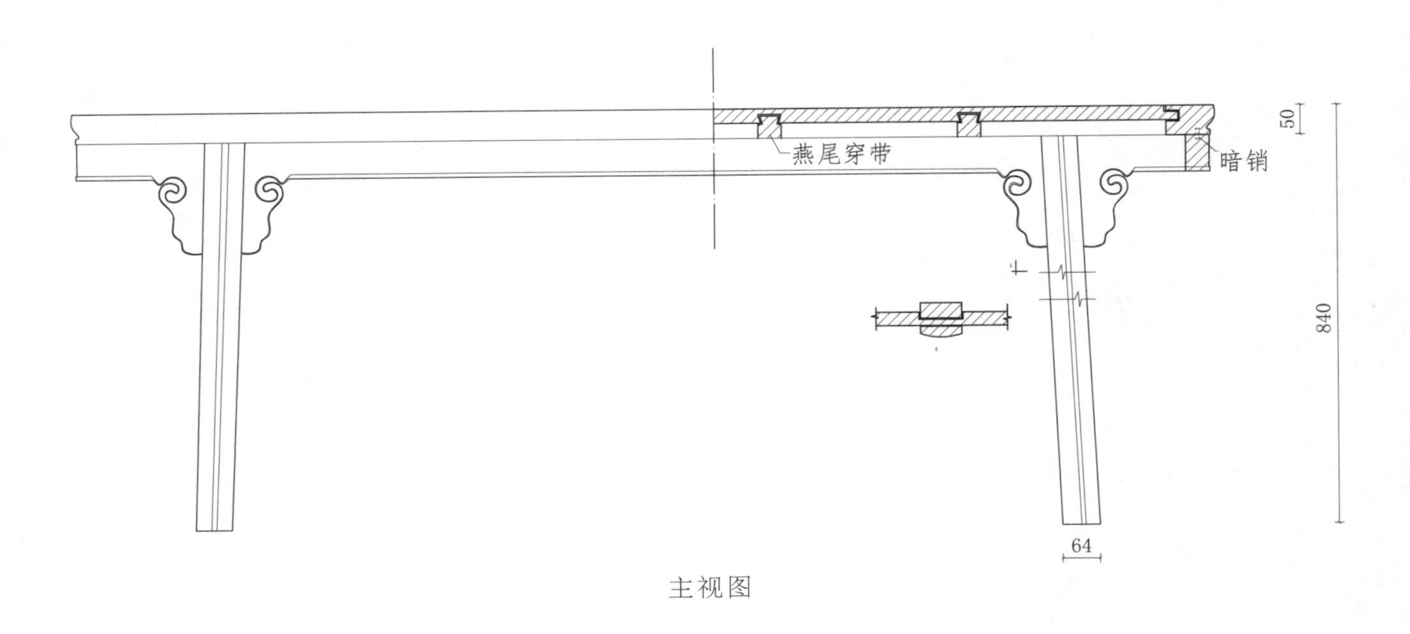
50
燕尾穿带
暗销
840
64

主视图

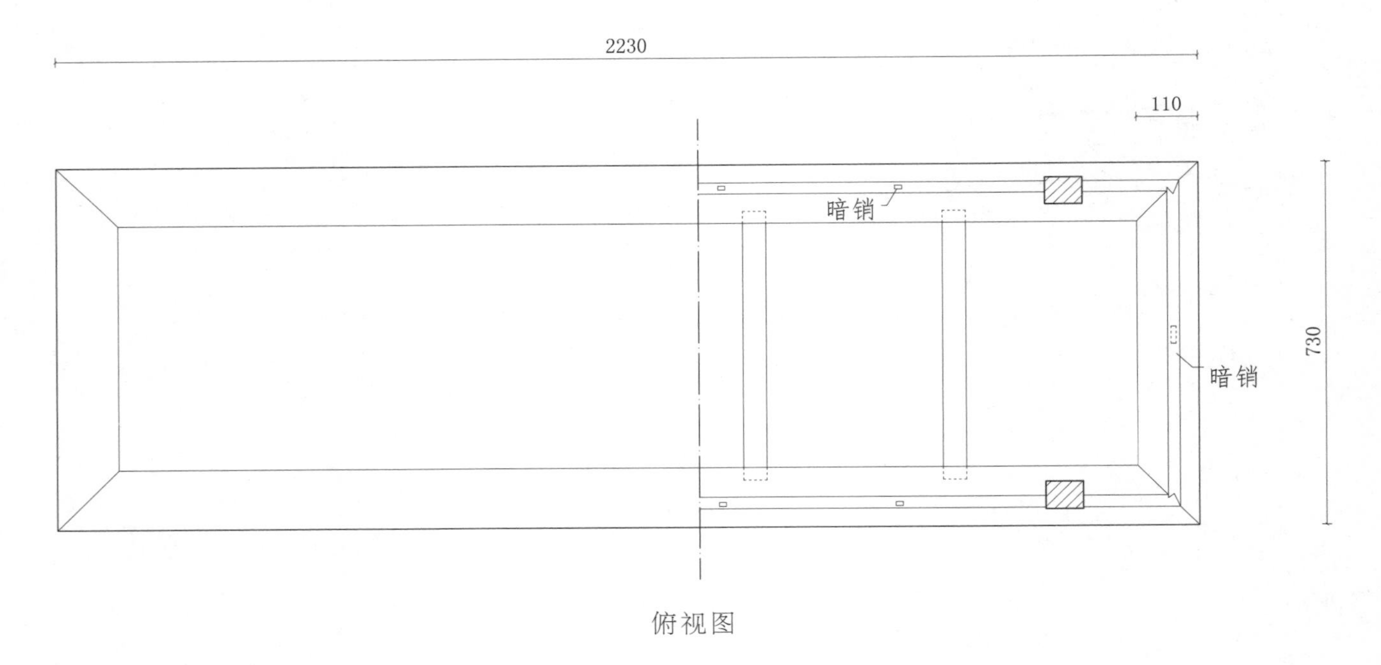
2230
110
暗销
730
暗销

俯视图

名称：黄花梨云头纹条案
年代：明代
尺寸：高 84 厘米 长 223 厘米 宽 73 厘米

左视图

紫檀长方案

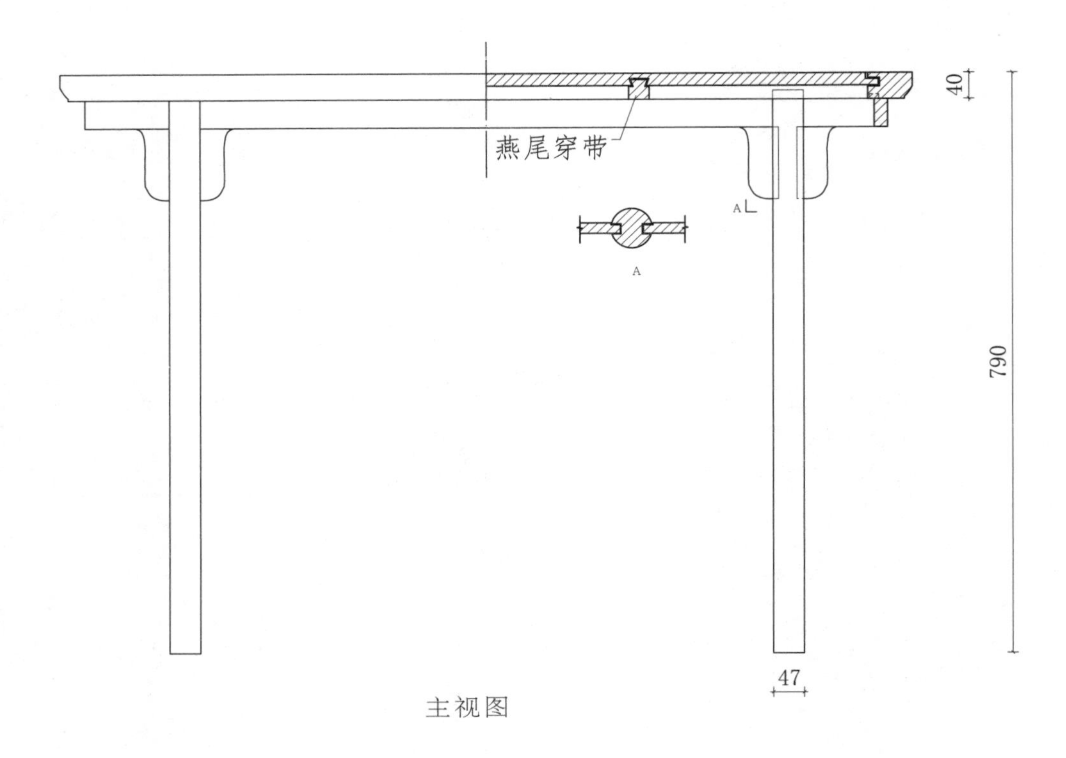
燕尾穿带
A
A
40
790
47

主视图

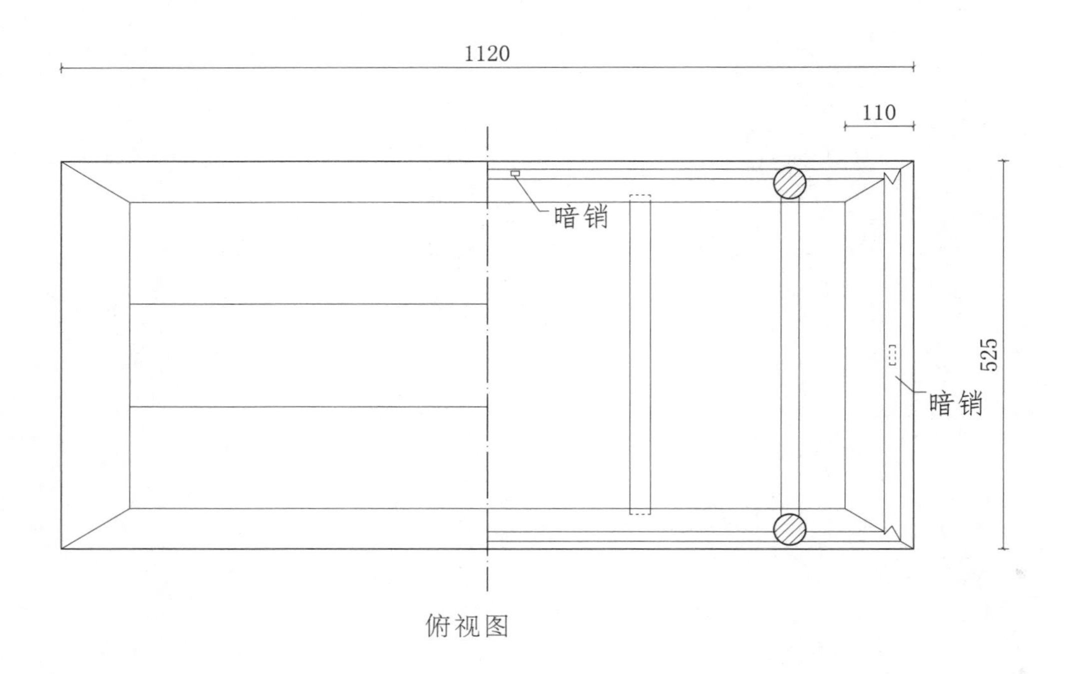
1120
110
暗销
暗销
525

俯视图

左视图

透视图

名称：紫檀长方案

年代：明代

尺寸：高79厘米、长112厘米、宽52.5厘米

紫檀长方案

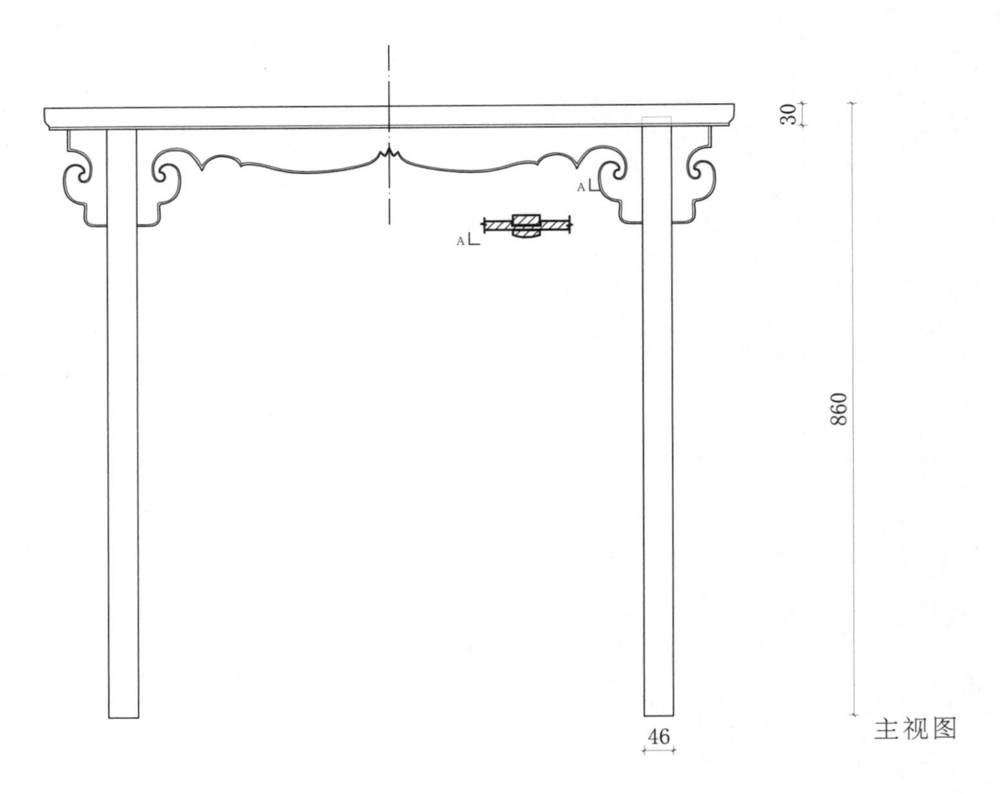
30
860
46
A
A
主视图

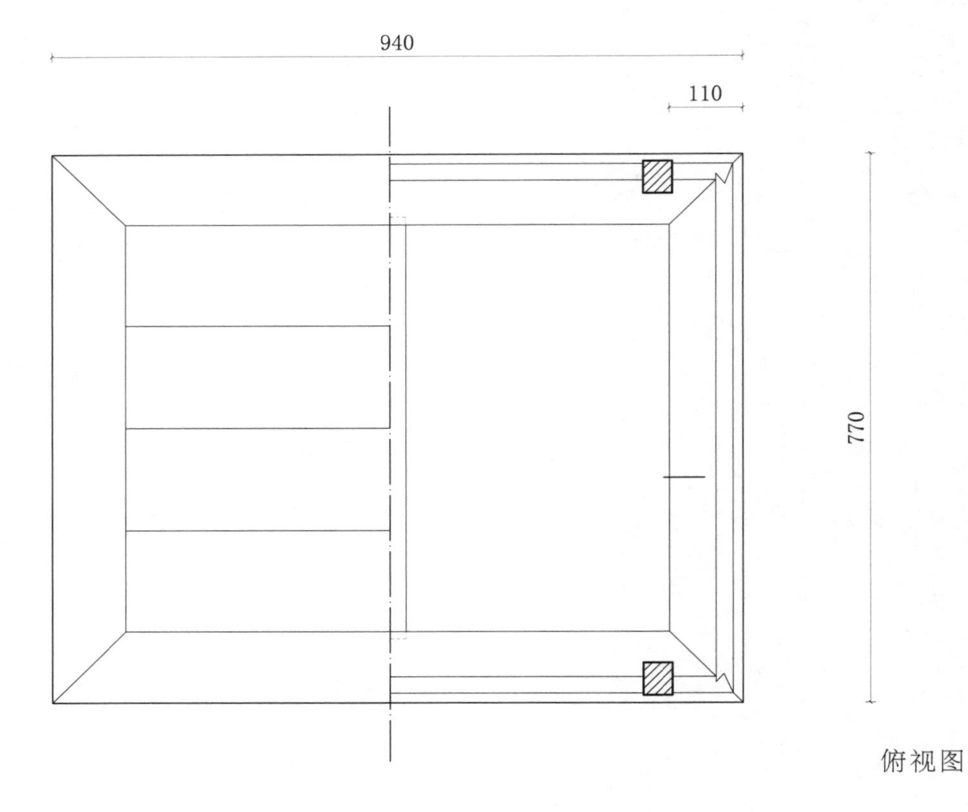
940
110
770
俯视图

名称：紫檀长方案
年代：明代
尺寸：高86厘米、长94厘米、宽77厘米

左视图

透视图

花梨嵌铁梨面条案

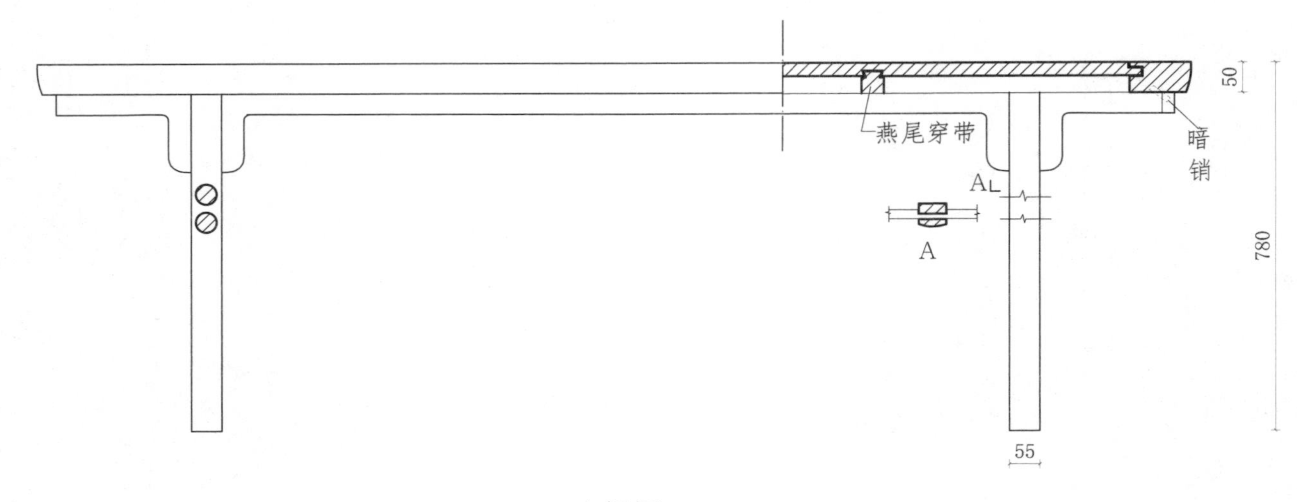
燕尾穿带
暗销
A
A
50
780
55

主视图

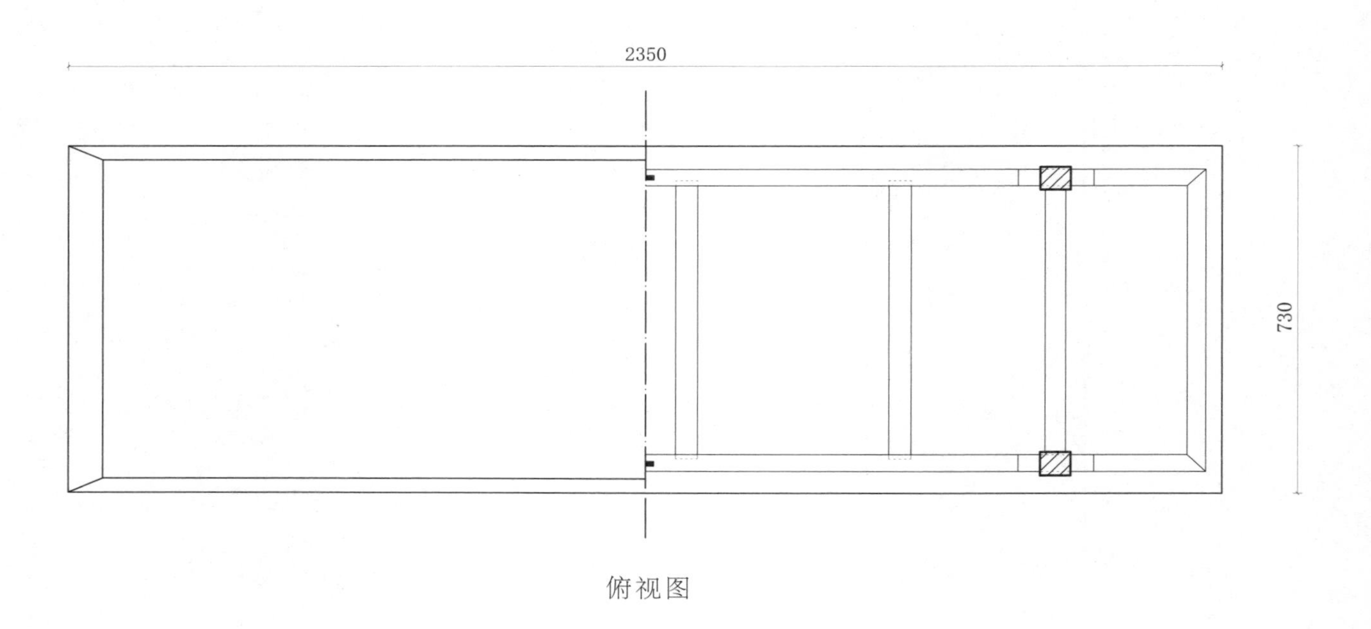
2350
730

俯视图

名称：花梨嵌铁梨面条案

年代：明代

尺寸：高78厘米、长235厘米、宽73厘米

左视图

透视图

黄花梨长方案

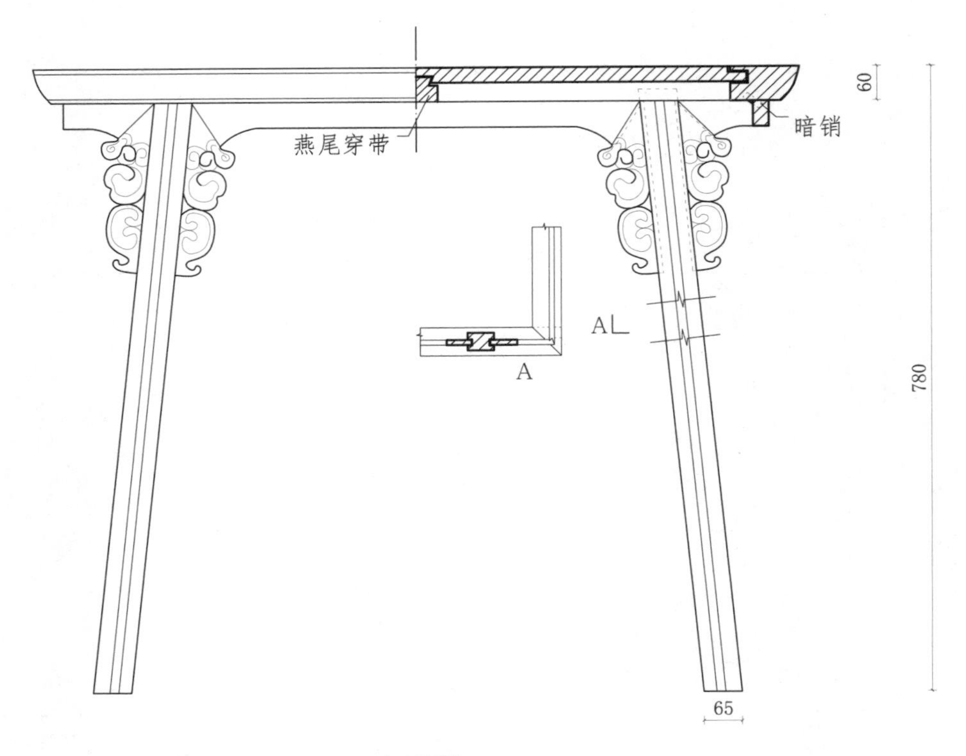
60
暗销
燕尾穿带
AL
A
780
65

主视图

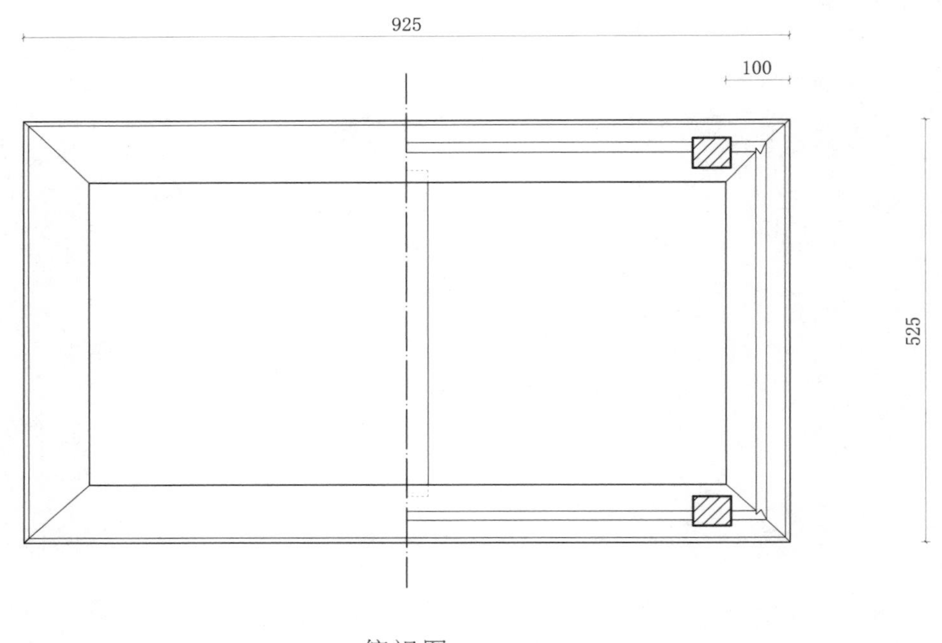
925
100
525

俯视图

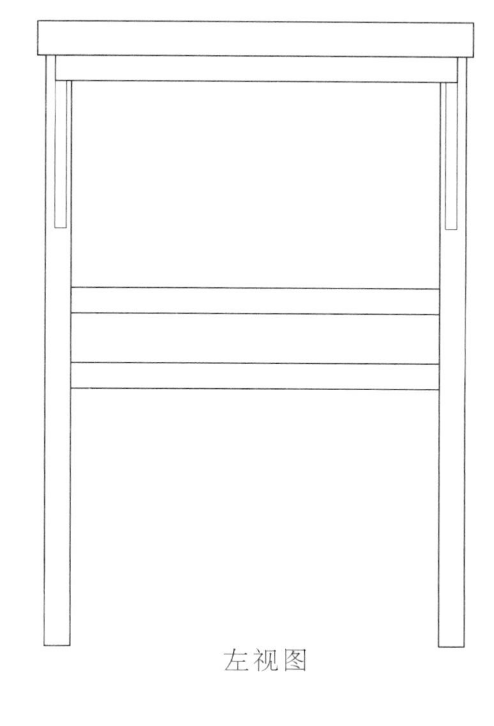

左视图

名称：黄花梨长方案

年代：明代（清宫旧藏）

尺寸：高78厘米、长92.5厘米、宽52.5厘米

透视图

花梨长方案

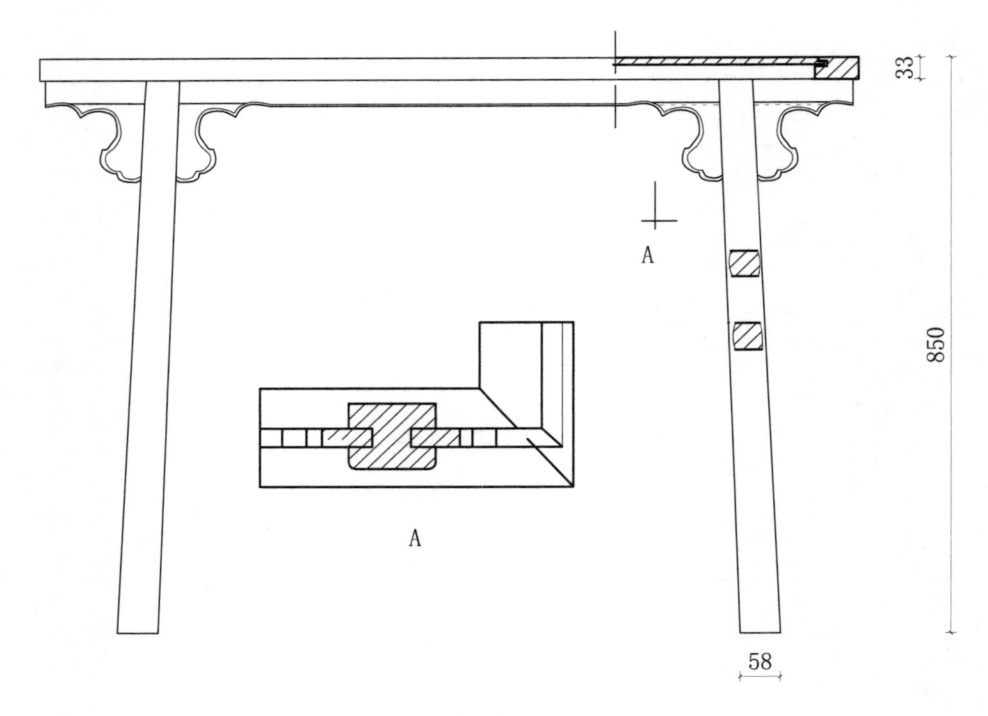
33
850
A
A
58

主视图

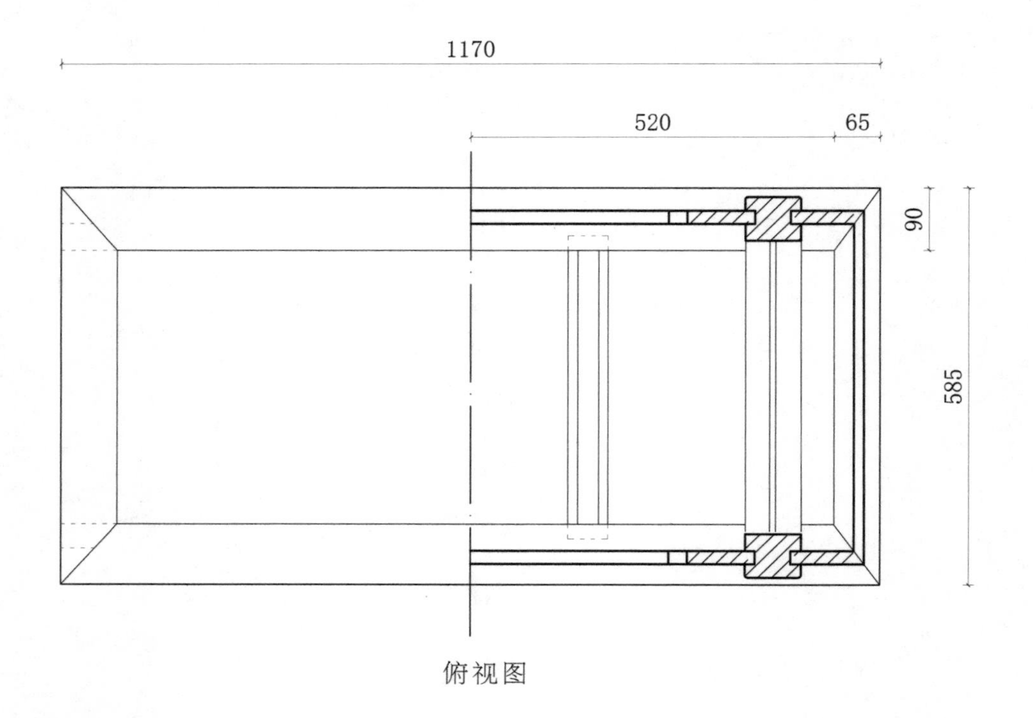
1170
520
65
90
585

俯视图

名称：花梨长方案

年代：明代（清宫旧藏）

尺寸：高85厘米、长117厘米、宽58.5厘米

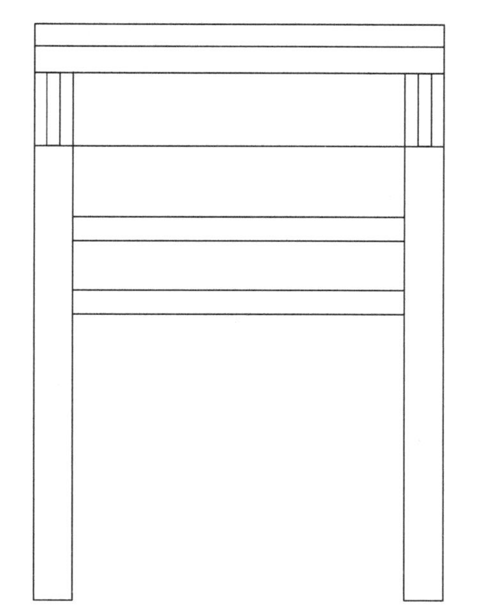

左视图

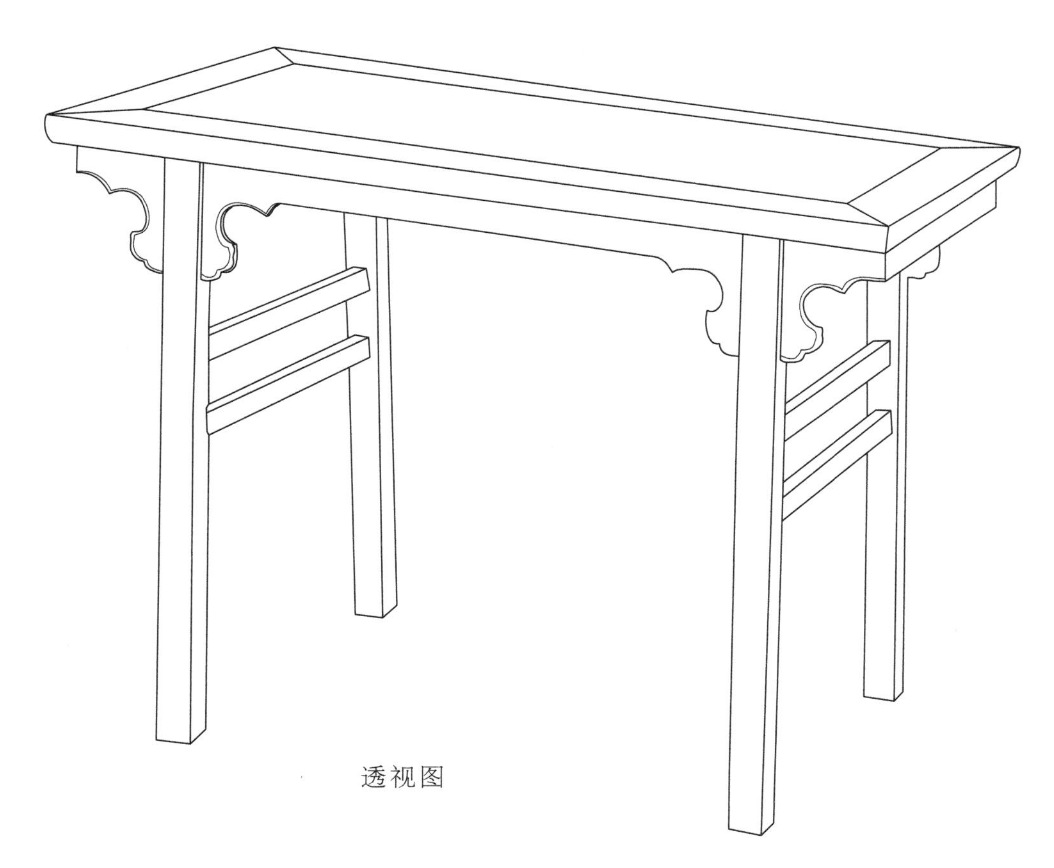

透视图

黄花梨长方案

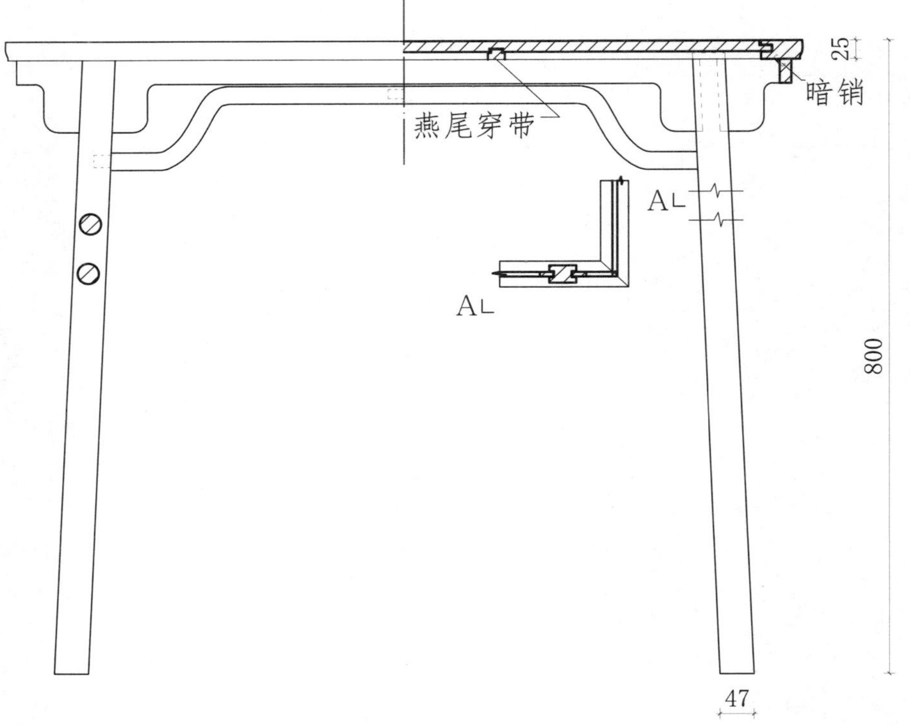
25
暗销
燕尾穿带
A
A
800
47

主视图

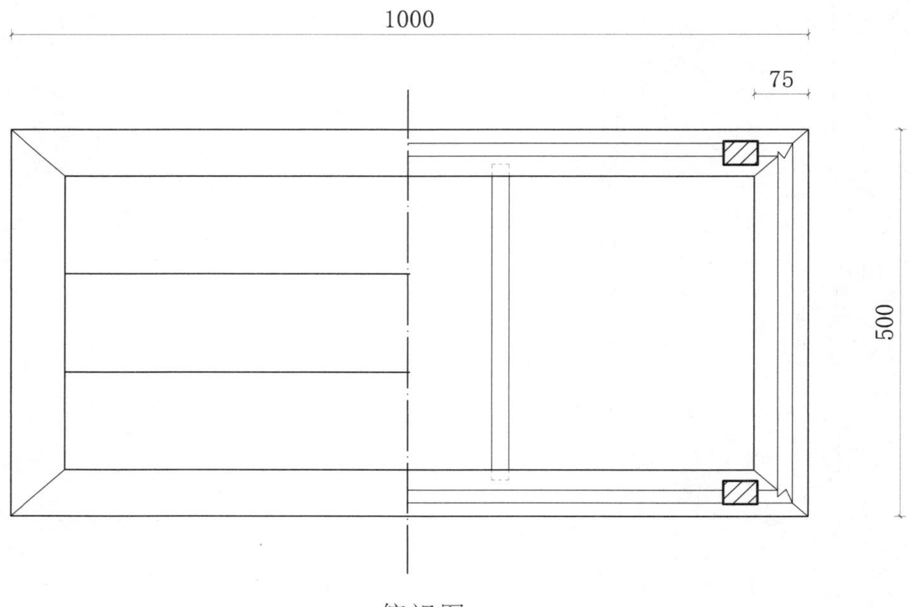
1000
75
500

俯视图

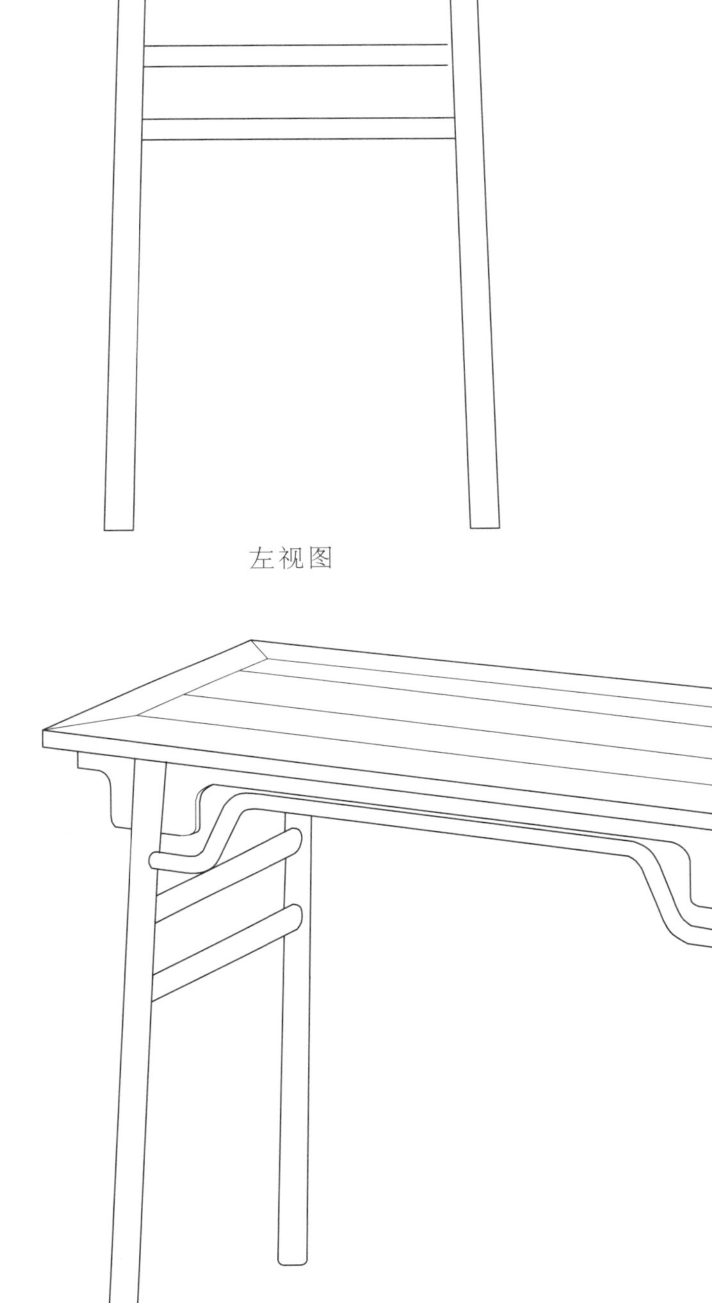

左视图

透视图

名称：黄花梨长方案
年代：明代（清宫旧藏）
尺寸：高80厘米、长100厘米、宽50厘米

紫檀条案

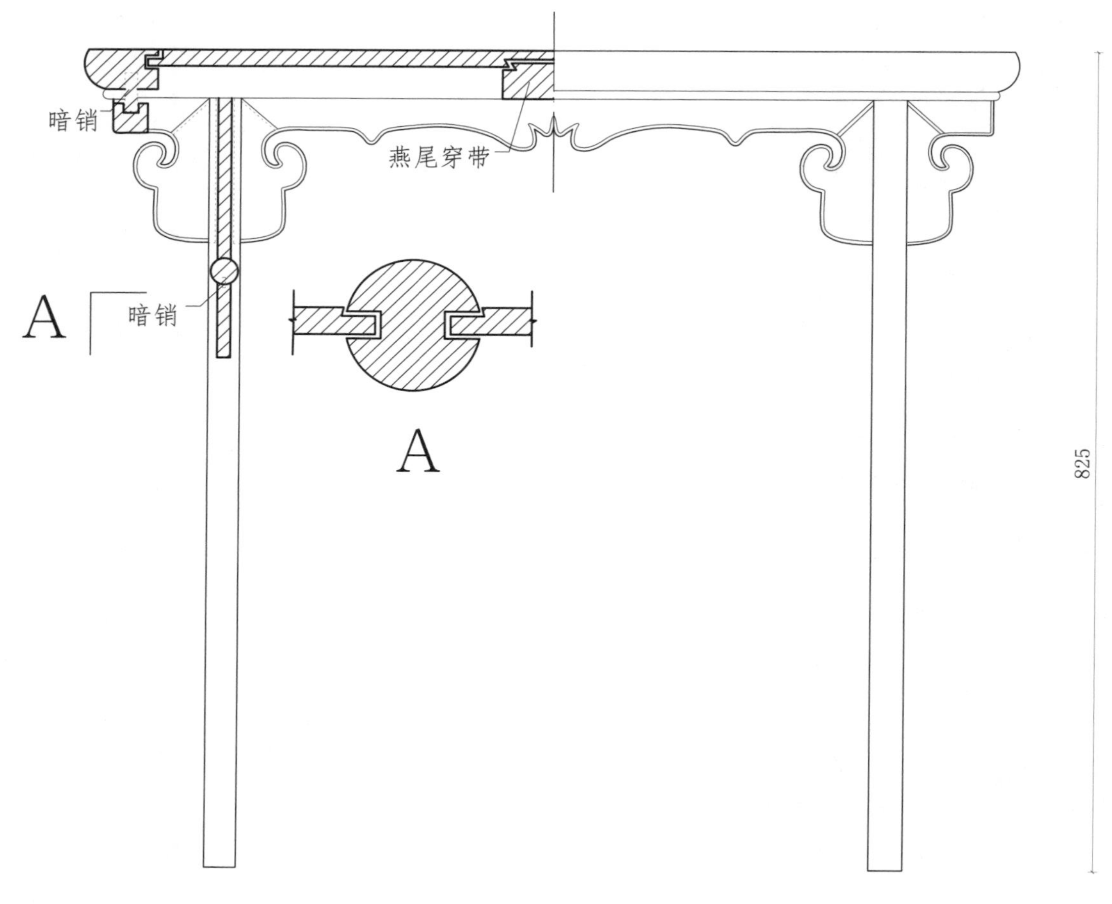
暗销
燕尾穿带
A
暗销
A
825

主视图

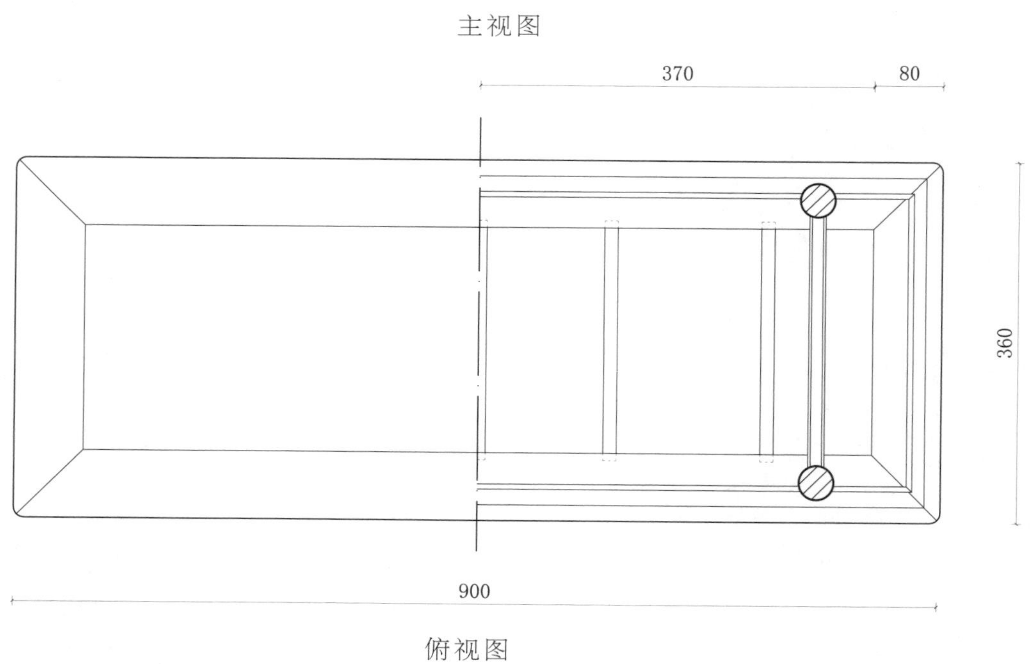
370
80
360
900

俯视图

名称：紫檀条案
年代：明代
尺寸：高82.5厘米、长90厘米、宽36厘米

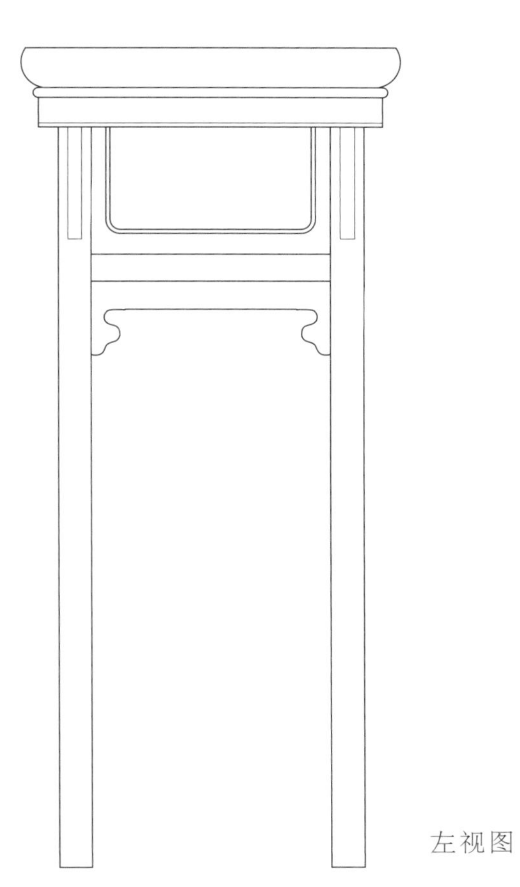
左视图

透视图

铁梨螭纹翘头案

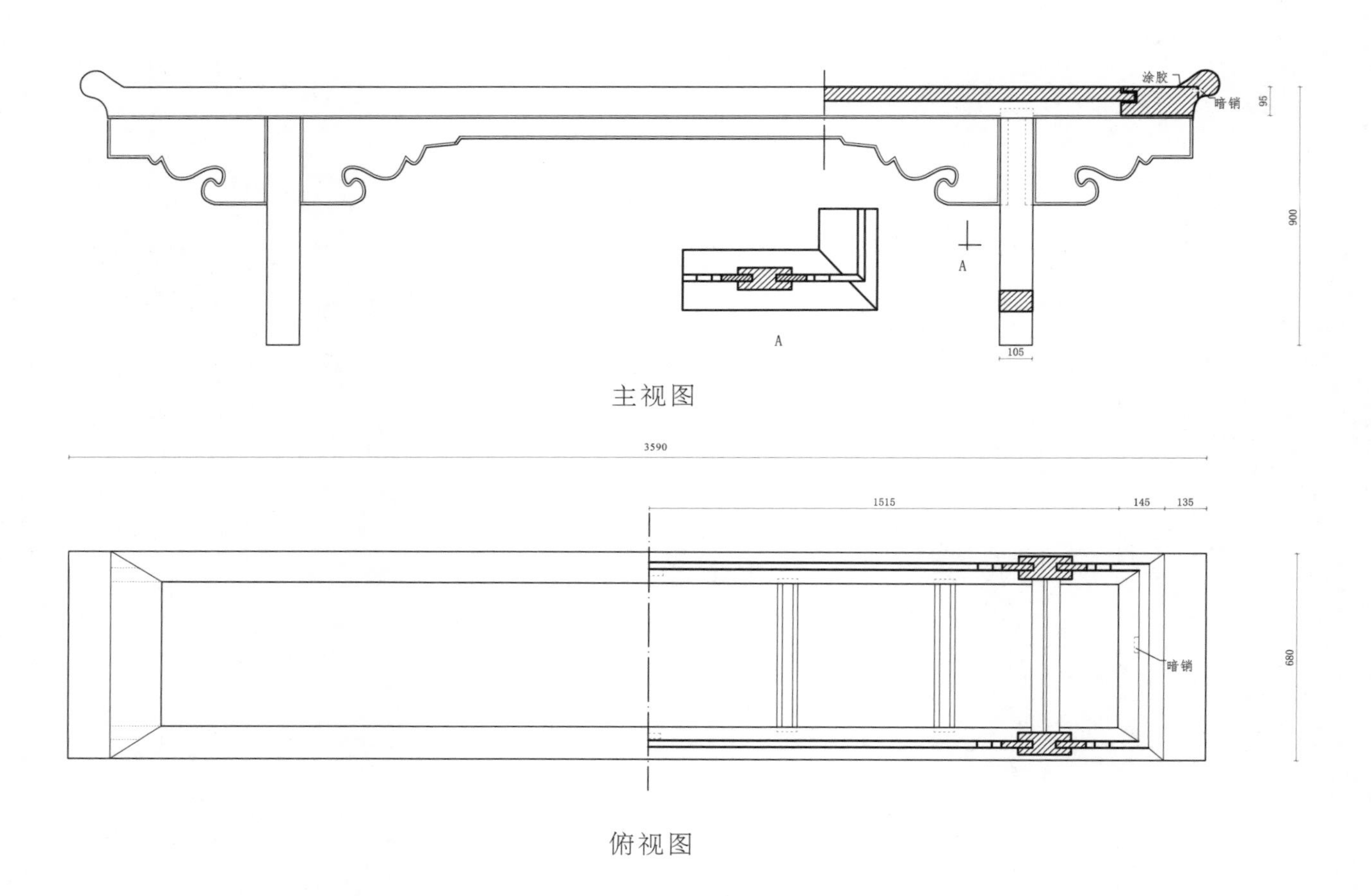
涂胶
暗销
95
900
A
A
105
主视图
3590
1515
145
135
暗销
680
俯视图

名称：铁梨螭纹翘头案
年代：明代
尺寸：高90厘米、长359厘米、宽68厘米

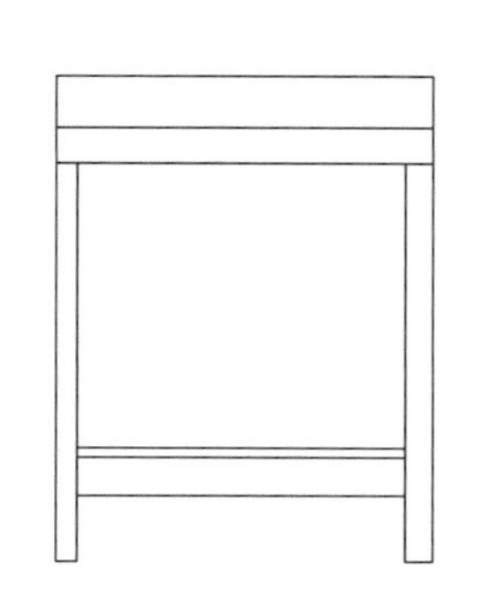
左视图

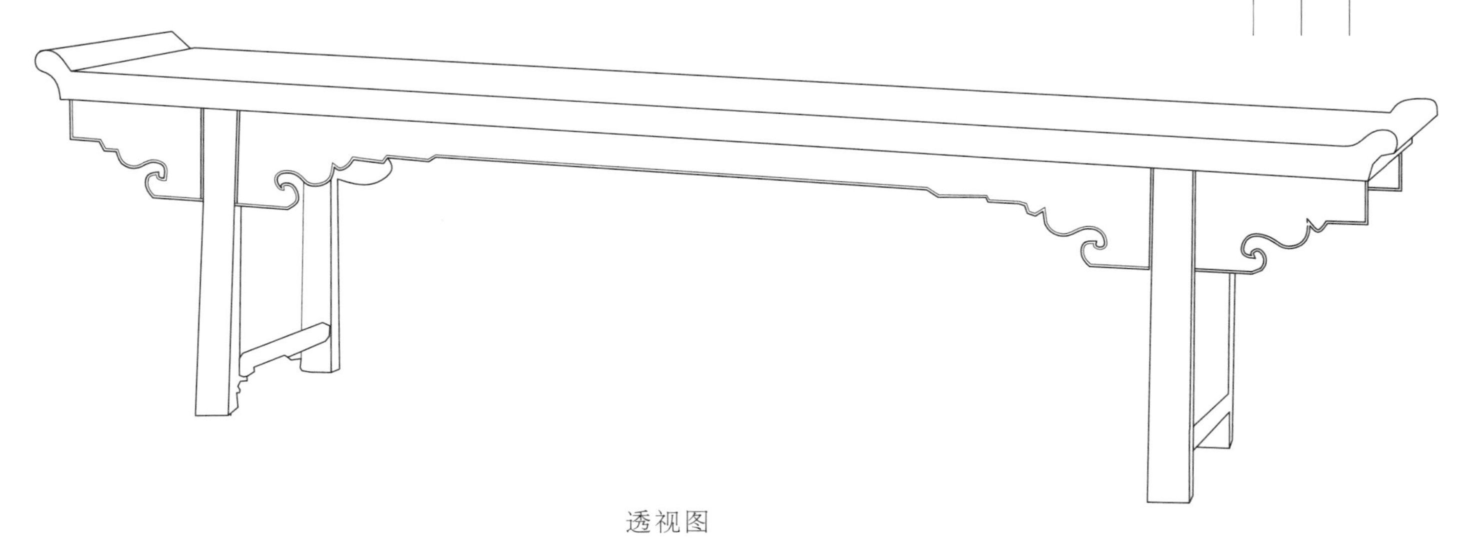
透视图

铁梨翘头案

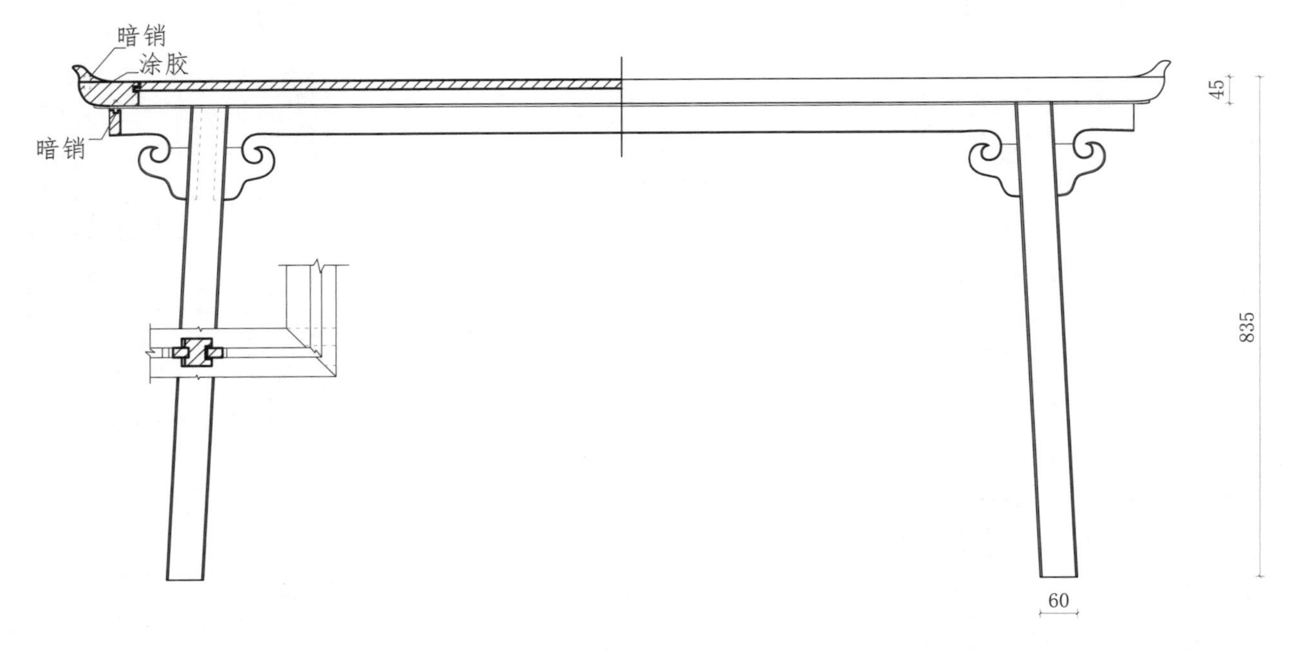
暗销
涂胶
暗销
45
835
60

主视图

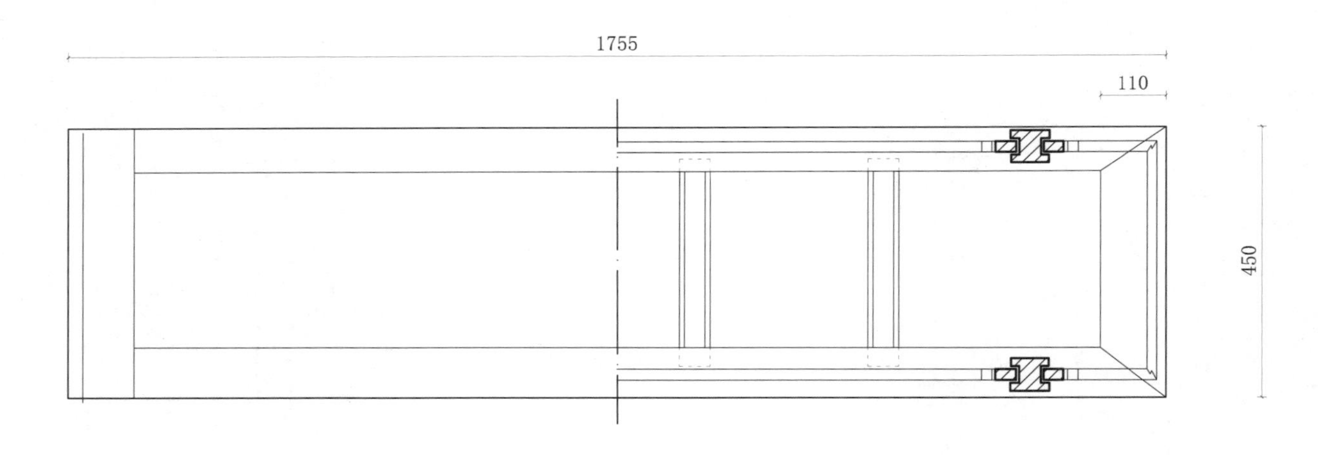
1755
110
450

俯视图

名称：铁梨翘头案

年代：明代

尺寸：高83.5厘米、长175.5厘米、宽45厘米

左视图

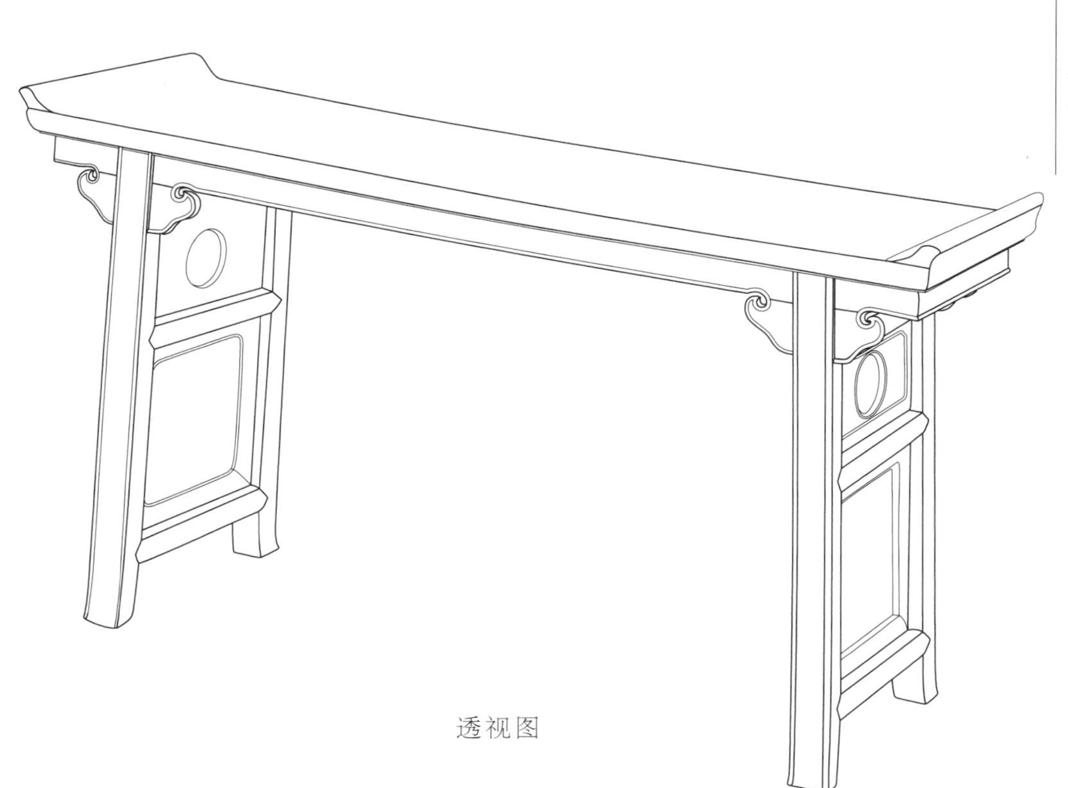

透视图

花梨翘头案

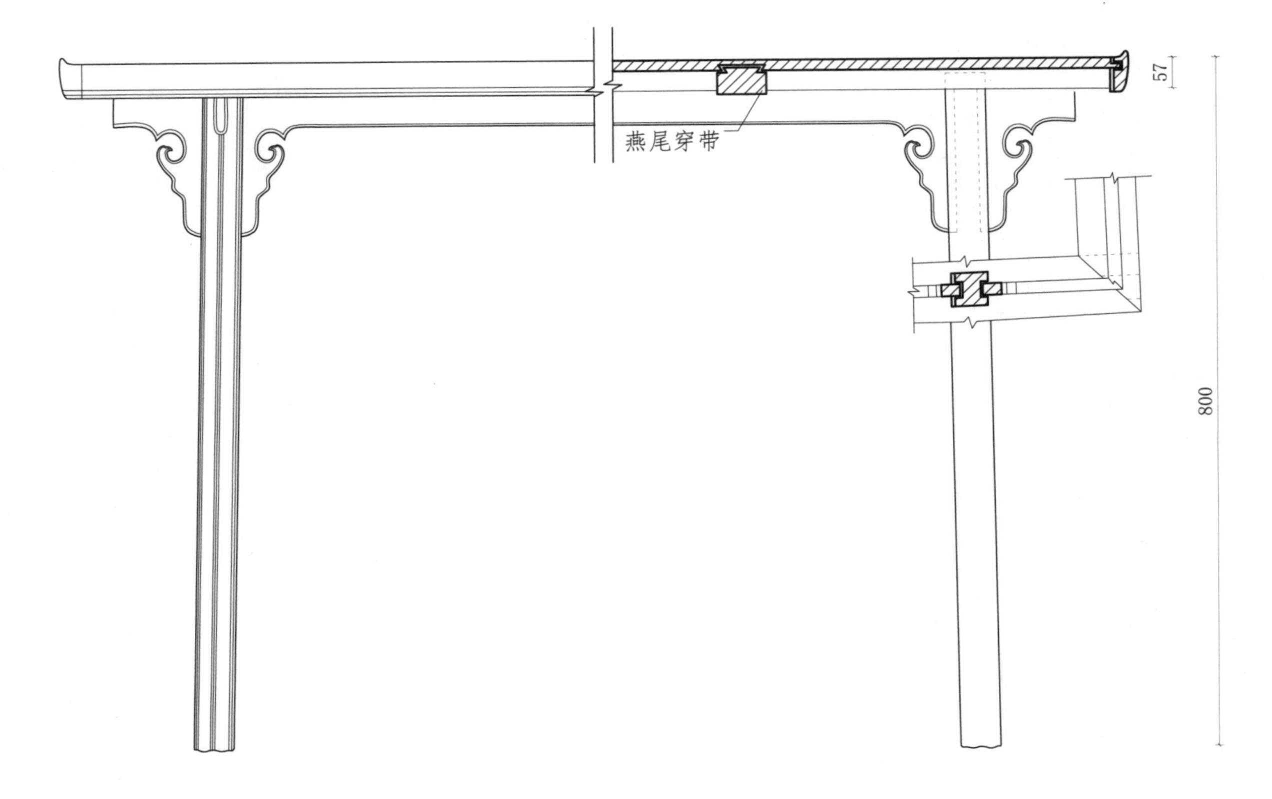
57
燕尾穿带
800

主视图

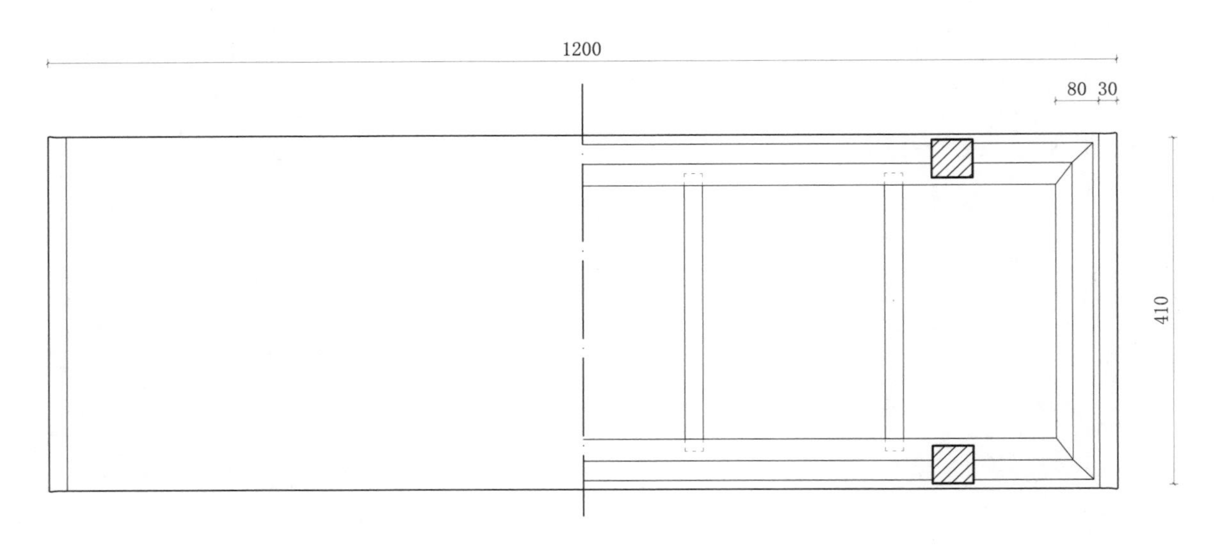
1200
80 30
410

俯视图

名称：花梨翘头案
年代：明代
尺寸：高80厘米、长120厘米、宽41厘米

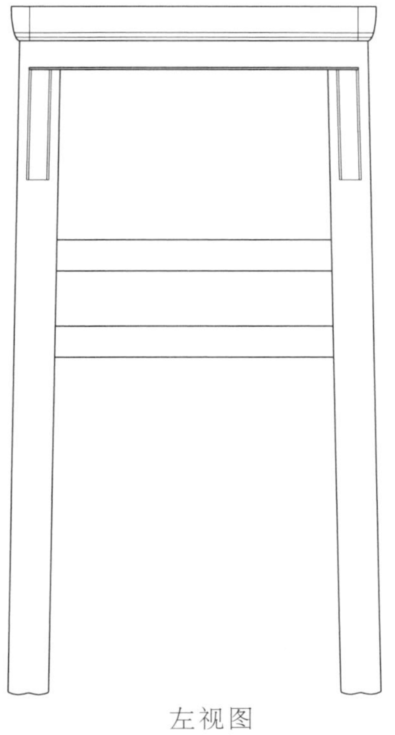
左视图

透视图

乌木边花梨心条案

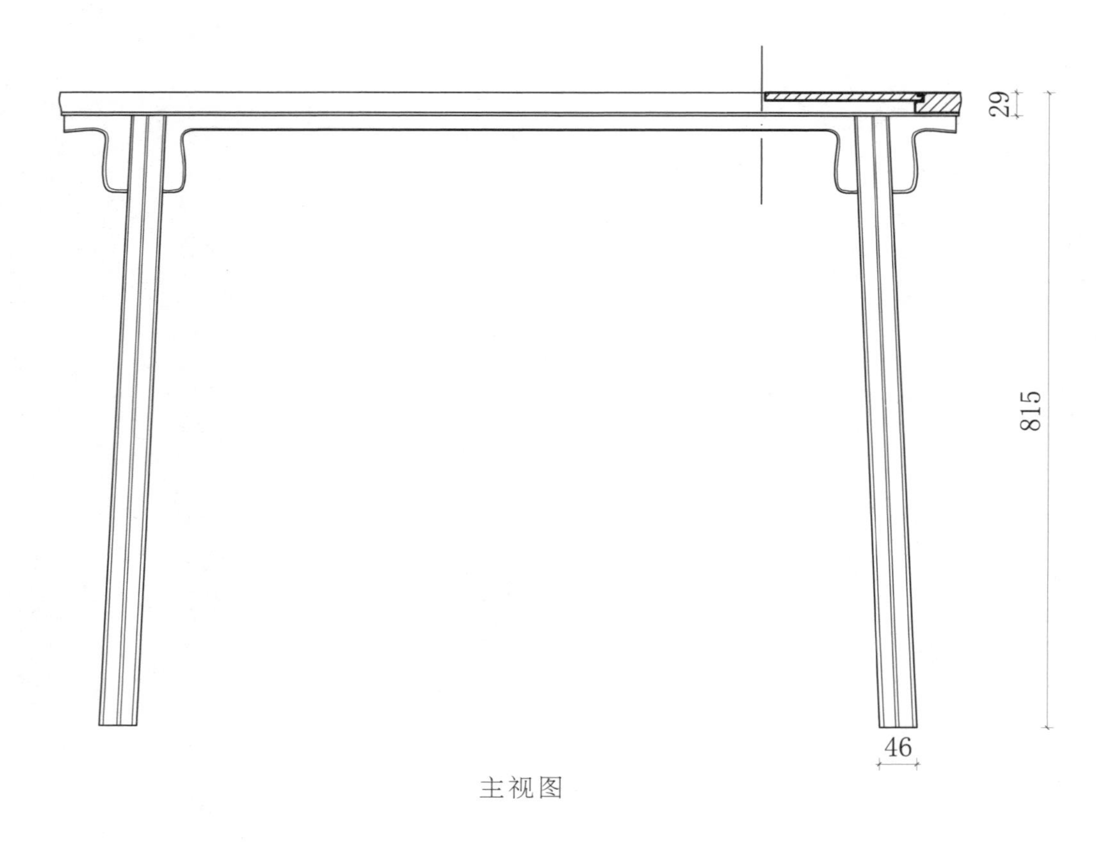
29
815
46

主视图

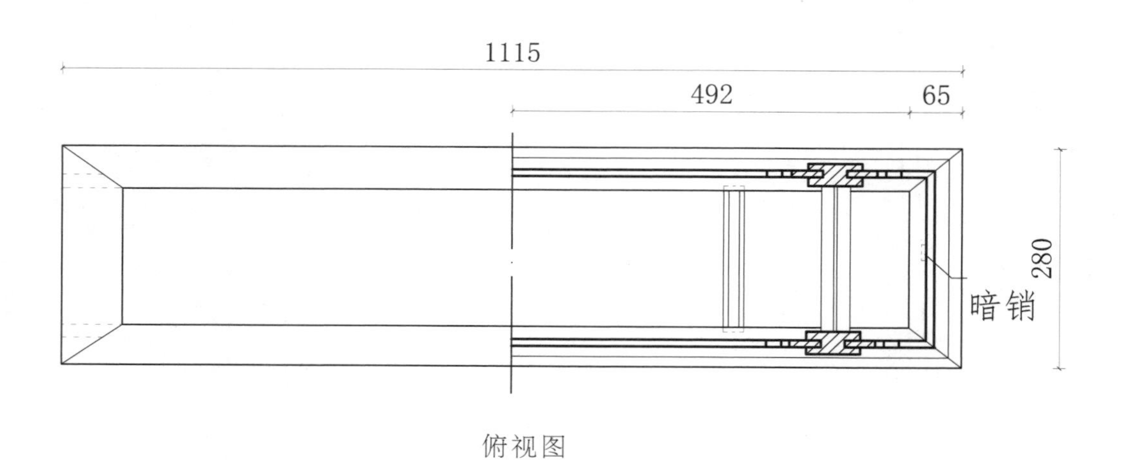
1115
492
65
280
暗销

俯视图

名称：乌木边花梨心条案
年代：明代（清宫旧藏）
尺寸：高81.5厘米、长111.5厘米、宽28厘米

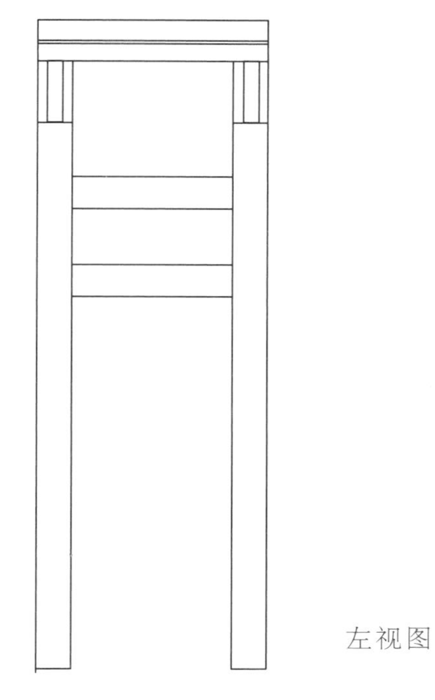
左视图

透视图

花梨如意云头纹条案

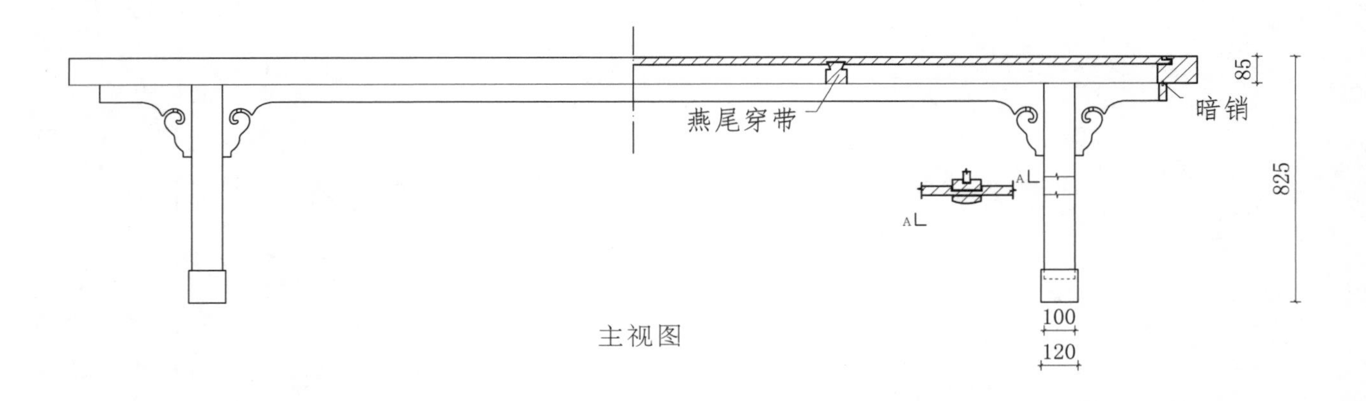
燕尾穿带
暗销
85
825
A
A
100
120

主视图

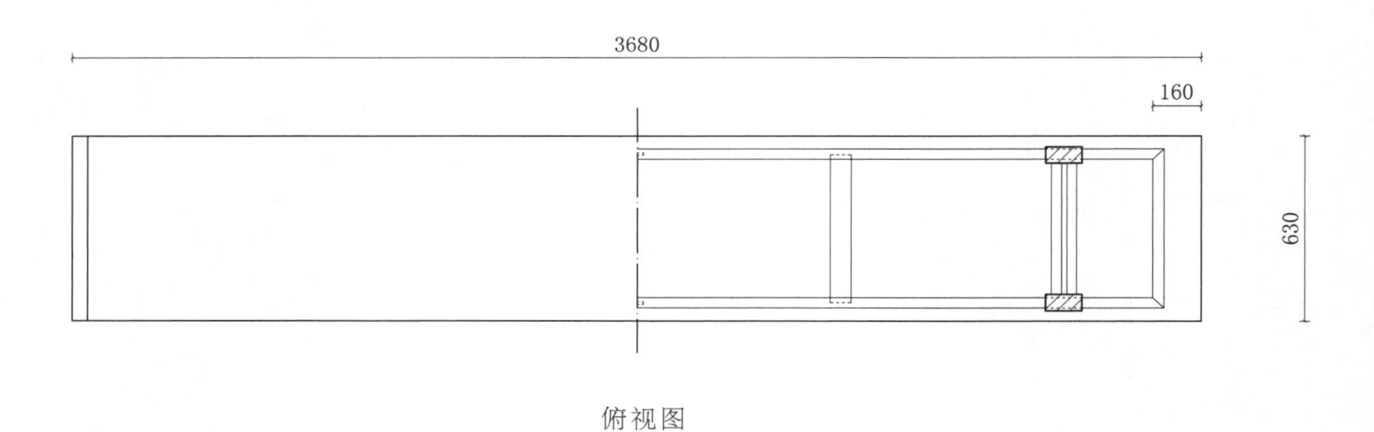
3680
160
630

俯视图

名称：花梨如意云头纹条案

年代：明代（清宫旧藏）

尺寸：高 82.5 厘米、长 368 厘米、宽 63 厘米

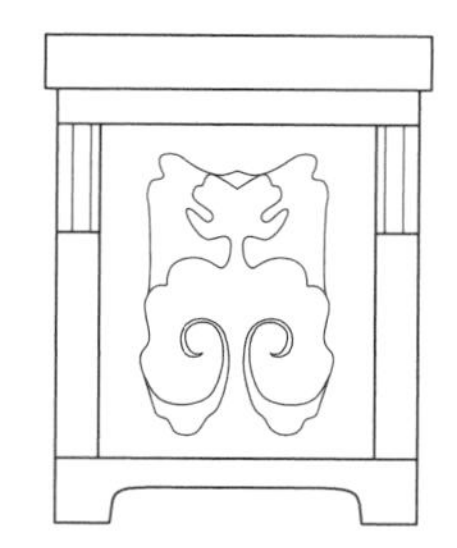

左视图

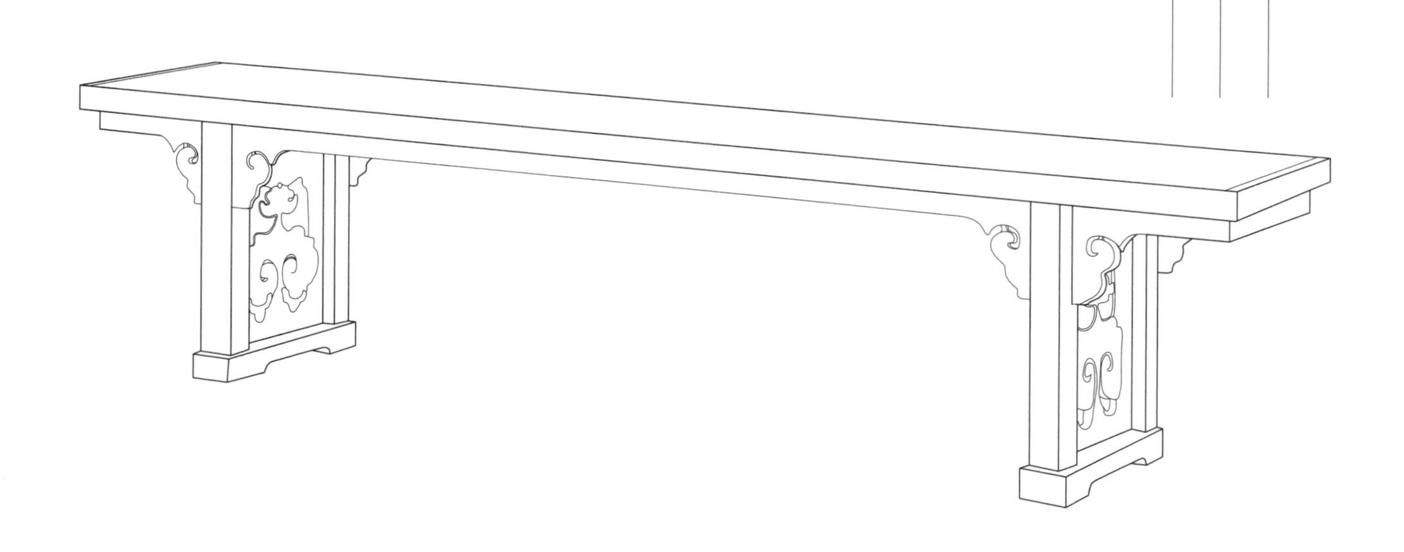

透视图

黄花梨灵芝纹翘头案

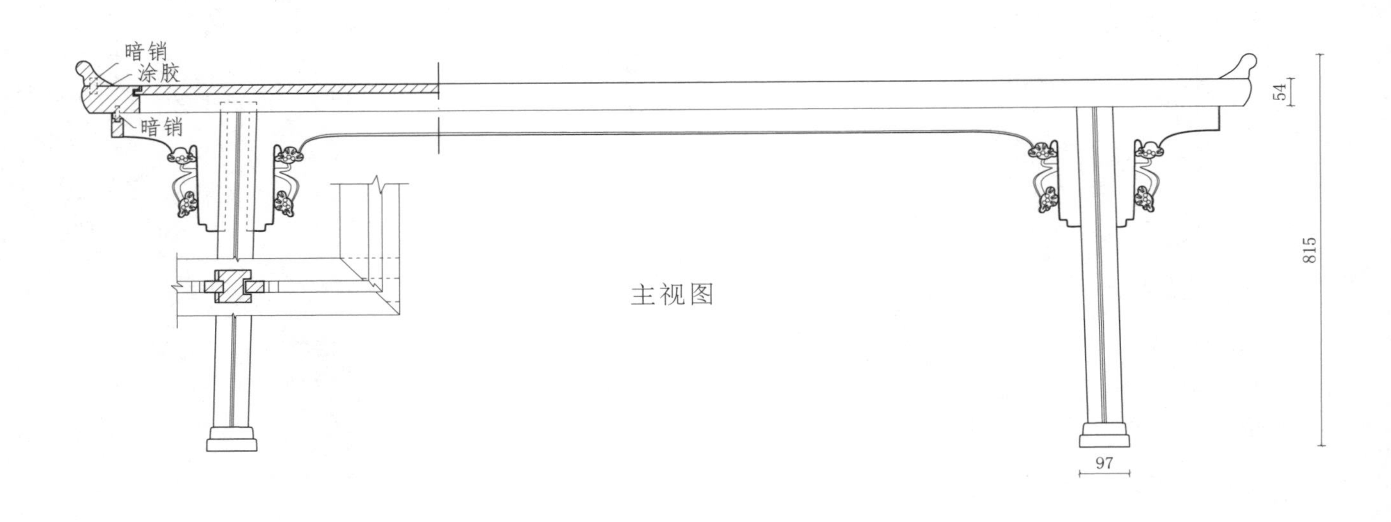
暗销
涂胶
暗销
54
815
97

主视图

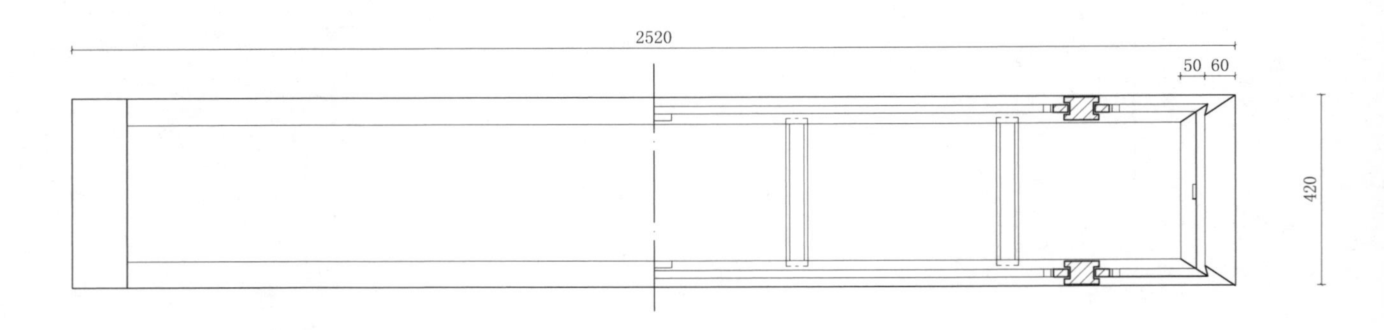
2520
50
60
420

俯视图

名称：黄花梨灵芝纹翘头案

年代：明代（清宫旧藏）

尺寸：高81.5厘米、长252厘米、宽42厘米

左视图

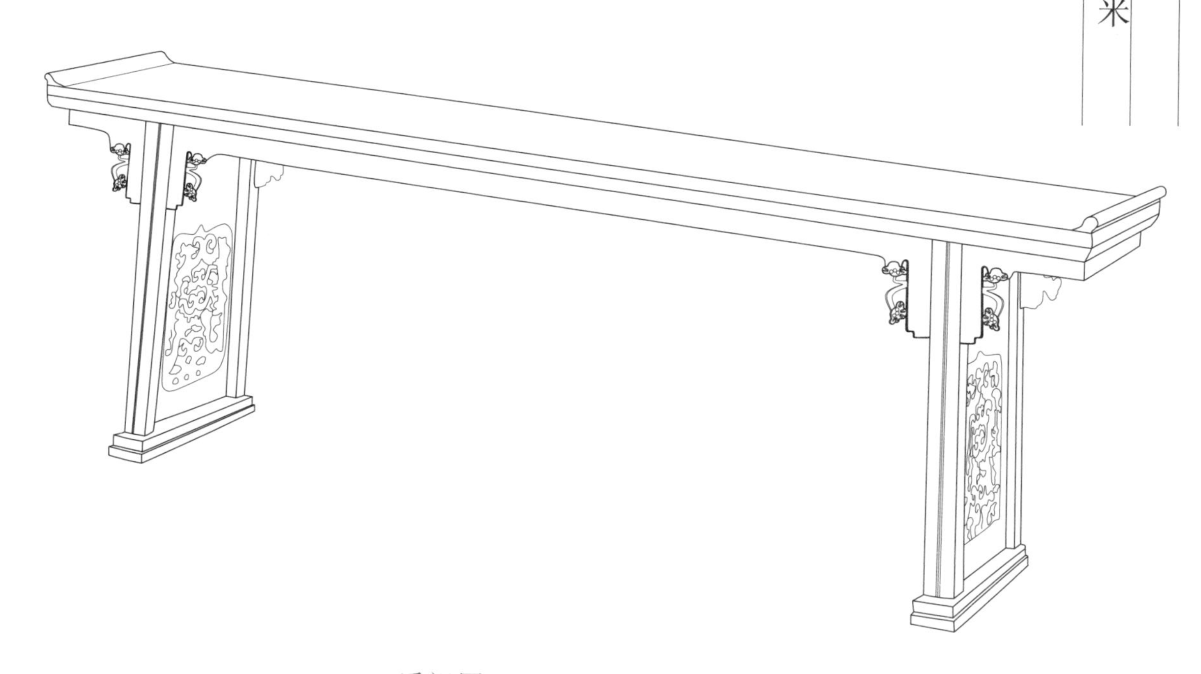

透视图

花梨双螭纹翘头案

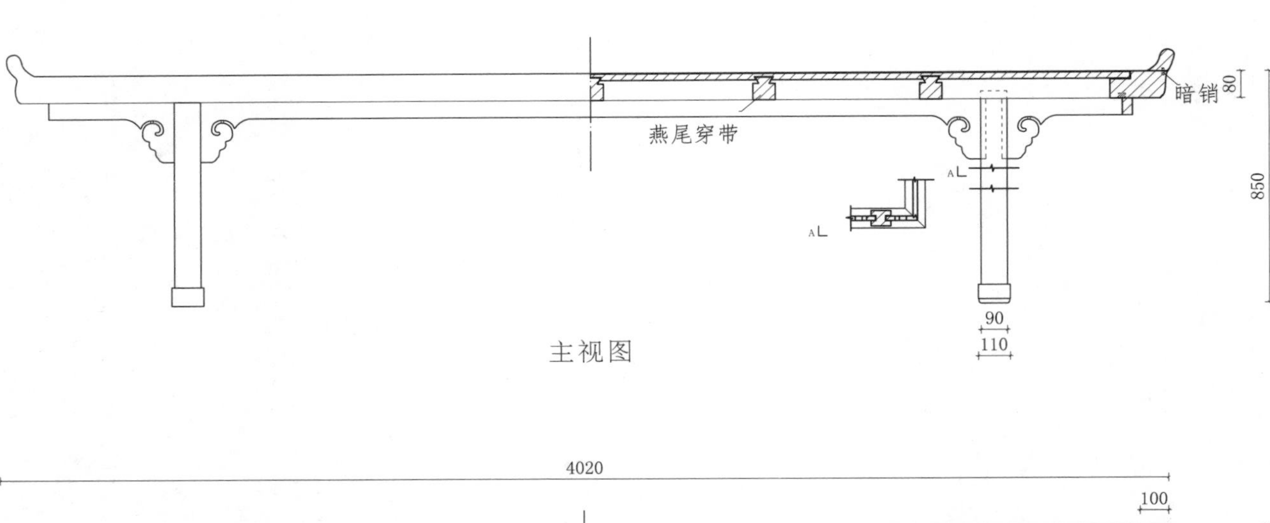
暗销
80
燕尾穿带
850
A
A
90
110

主视图

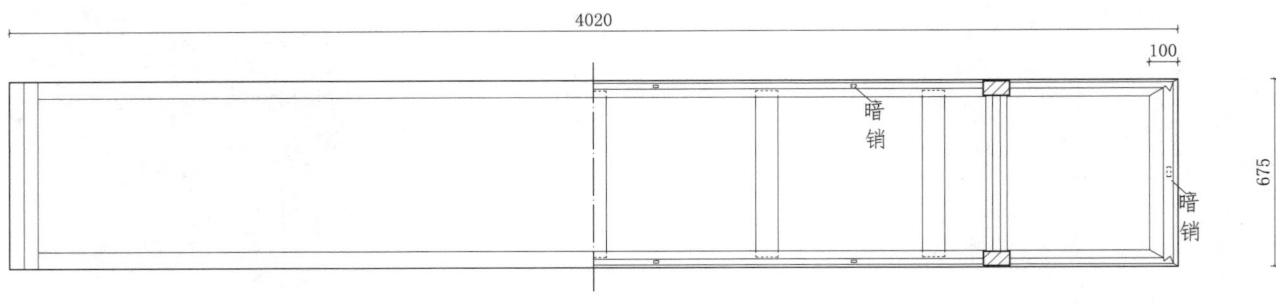
4020
100
暗
销
675
暗
销

俯视图

名称：花梨双螭纹翘头案

年代：明代（清宫旧藏）

尺寸：高85厘米、长402厘米、宽67.5厘米

左视图

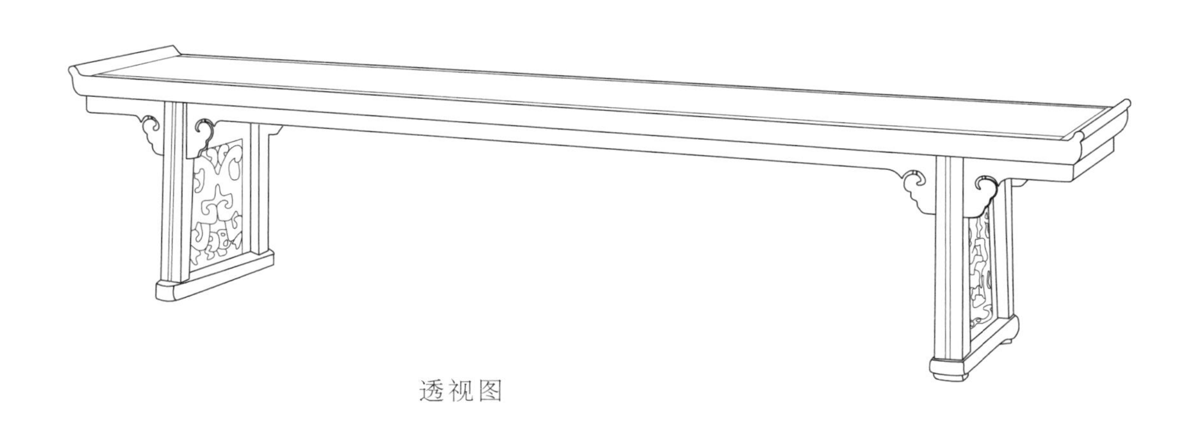

透视图

榉木翘头案

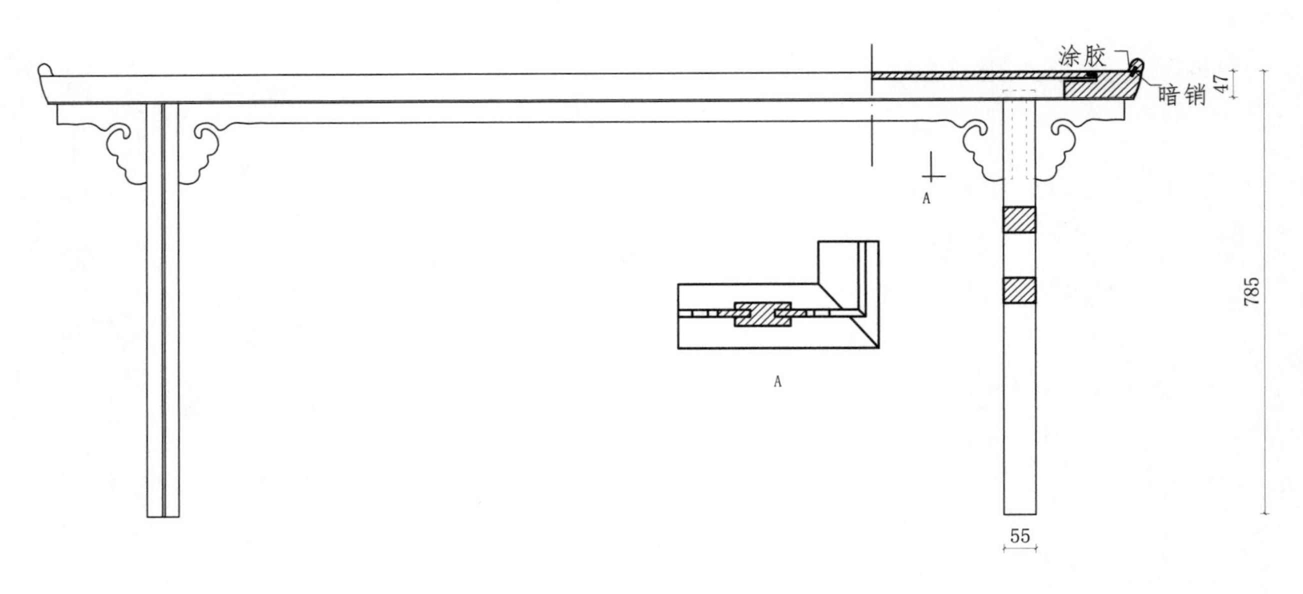
涂胶
暗销
47
A
785
A
55

主视图

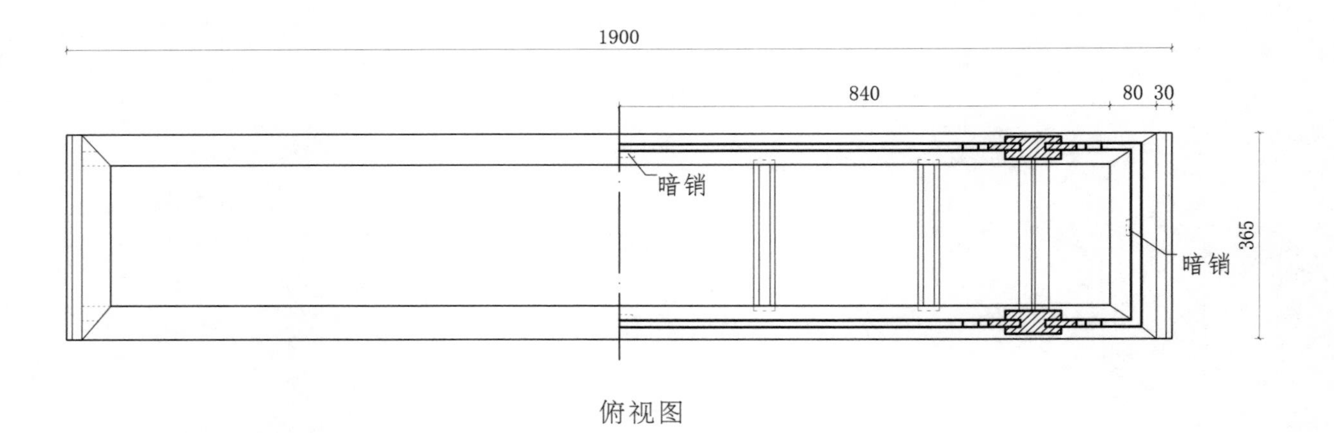
1900
840
80
30
暗销
365
暗销

俯视图

名称：榉木翘头案

年代：明代（清宫旧藏）

尺寸：高78.5厘米、长190厘米、宽36.5厘米

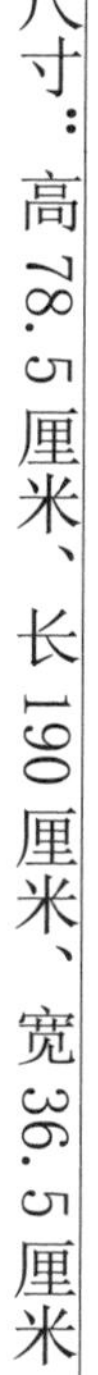

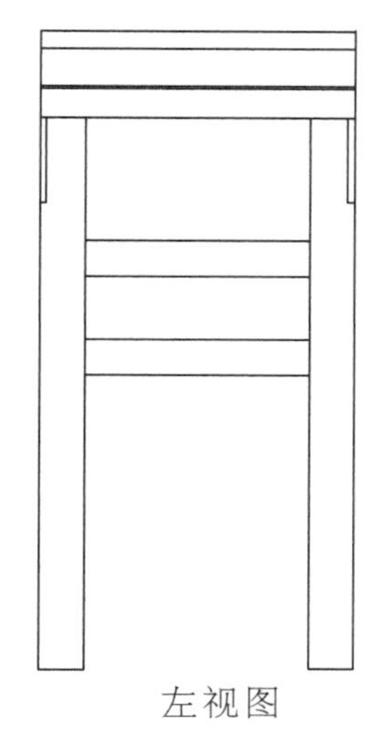

左视图

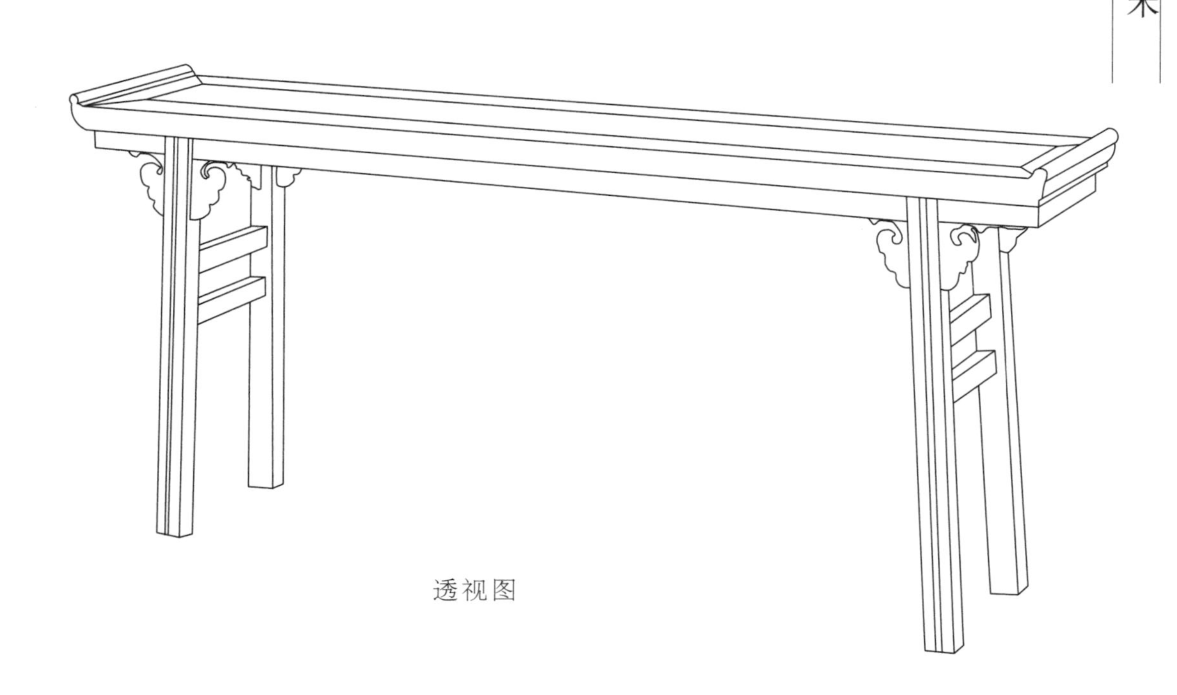

透视图

榉木条案

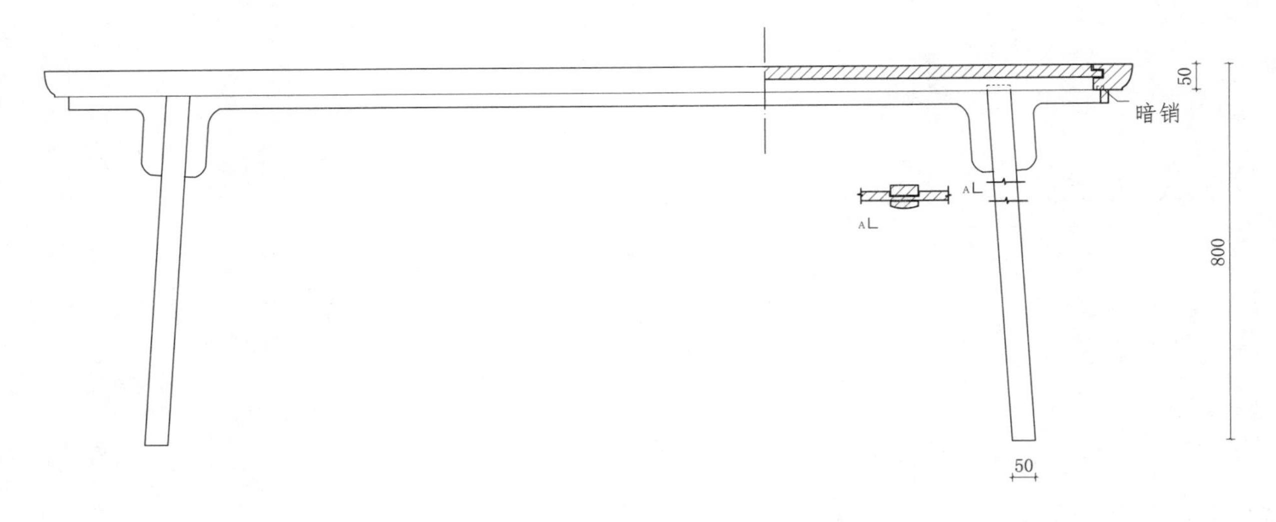
50
暗销
A
A
800
50

主视图

2240
55
740

俯视图

名称：榉木条案
年代：明代（清宫旧藏）
尺寸：高80厘米、长224厘米、宽74厘米

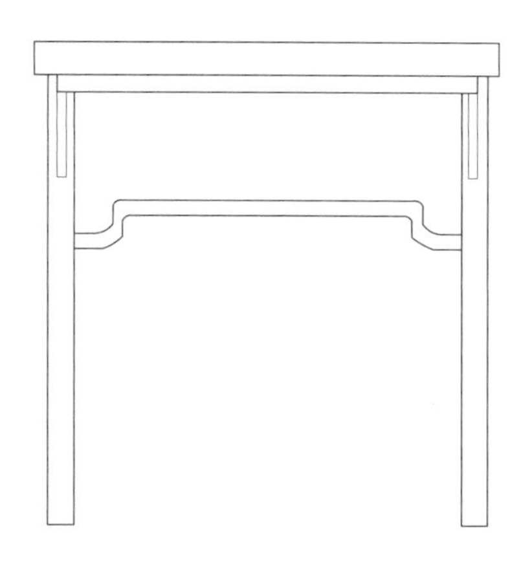

左视图

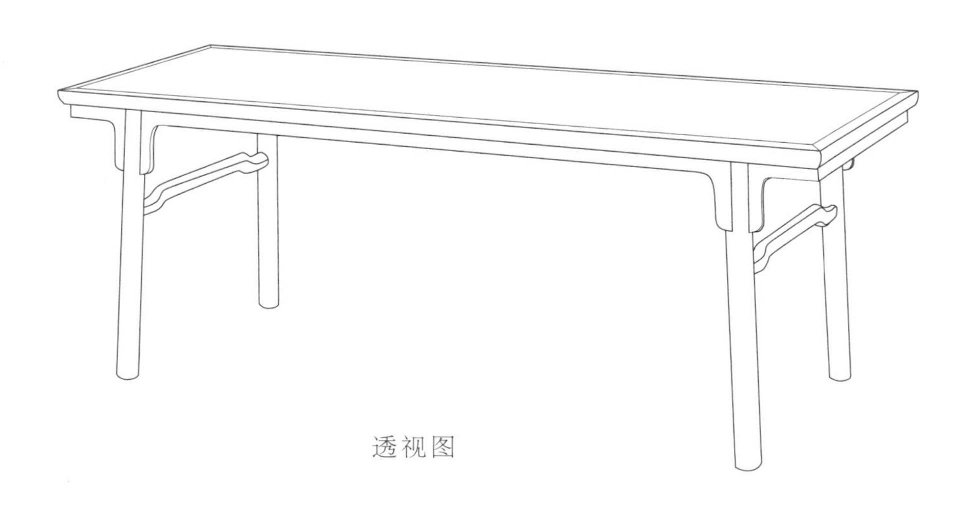

透视图

紫檀条桌

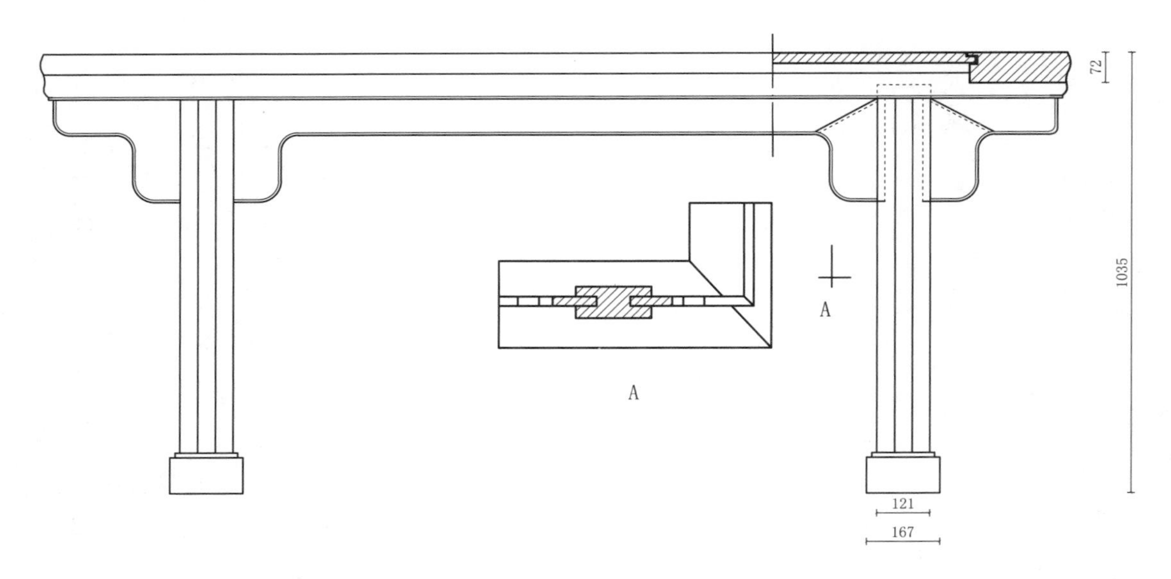
72
1035
A
A
121
167

主视图

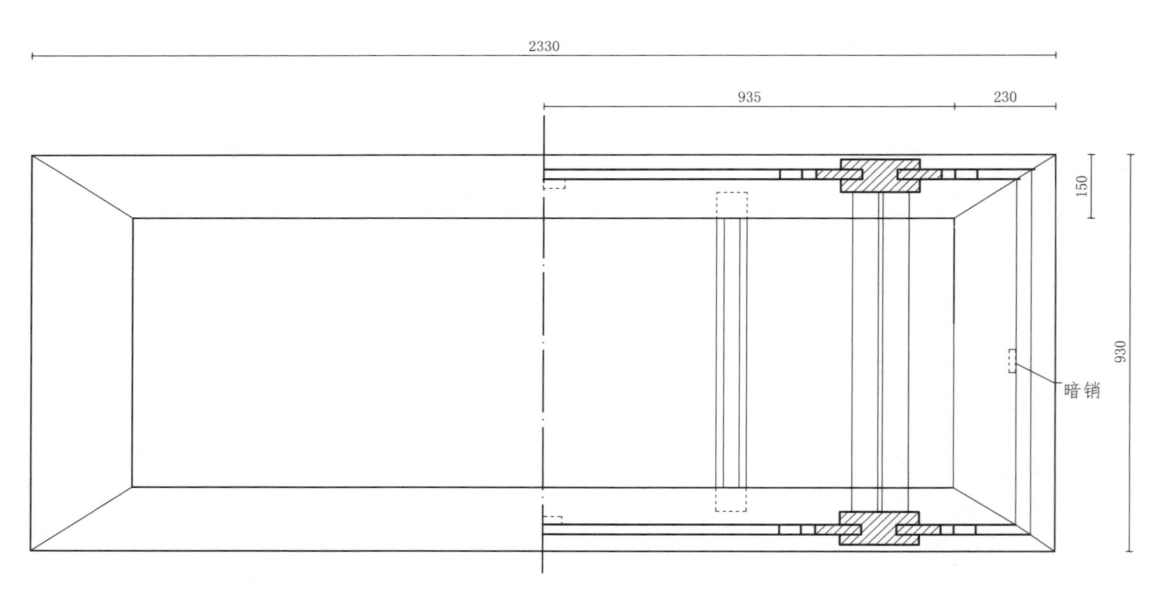
2330
935
230
150
930
暗销

俯视图

名称：紫檀条桌
年代：明代（清宫旧藏）
尺寸：高 103.5 厘米、长 233 厘米、宽 93 厘米

左视图

透视图

黄花梨双螭纹翘头案

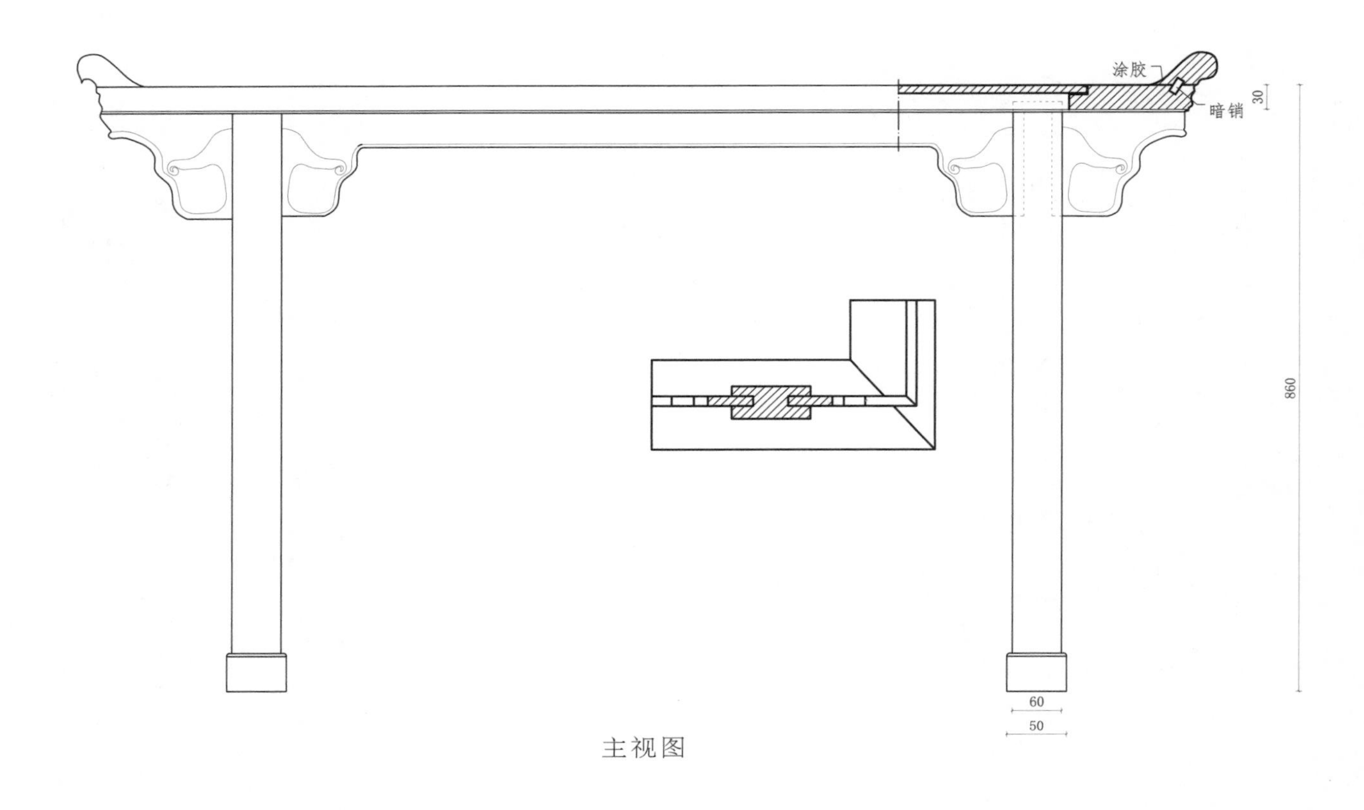
涂胶
暗销
30
860
60
50

主视图

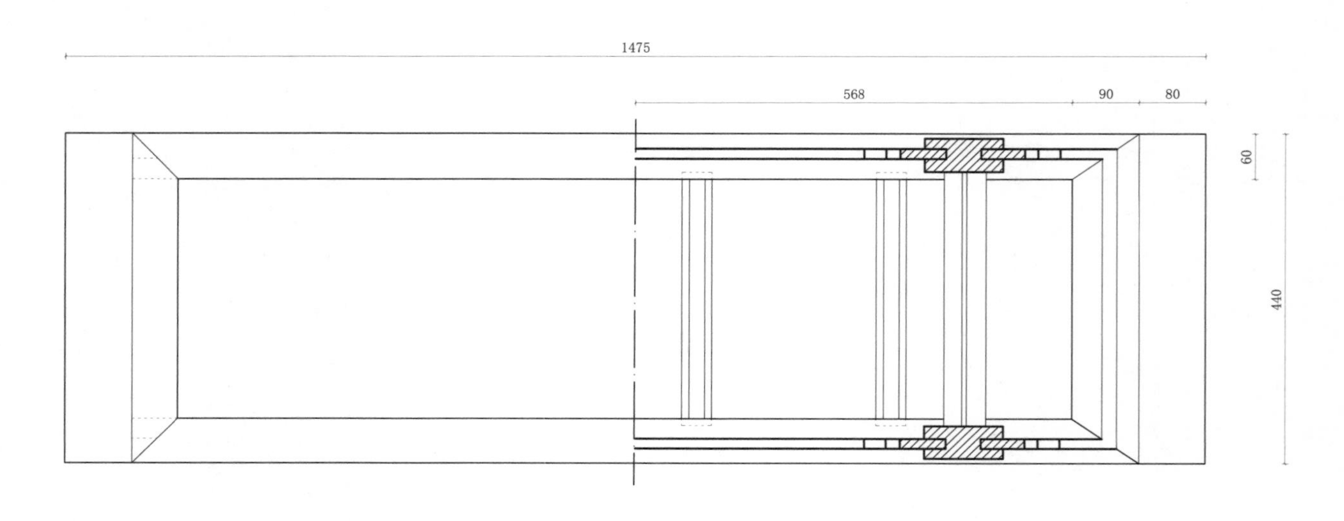
1475
568
90
80
60
440

俯视图

名称：黄花梨双螭纹翘头案

年代：明代（清宫旧藏）

尺寸：高 86 厘米、长 147.5 厘米、宽 44 厘米

左视图

透视图

铁梨象纹翘头案

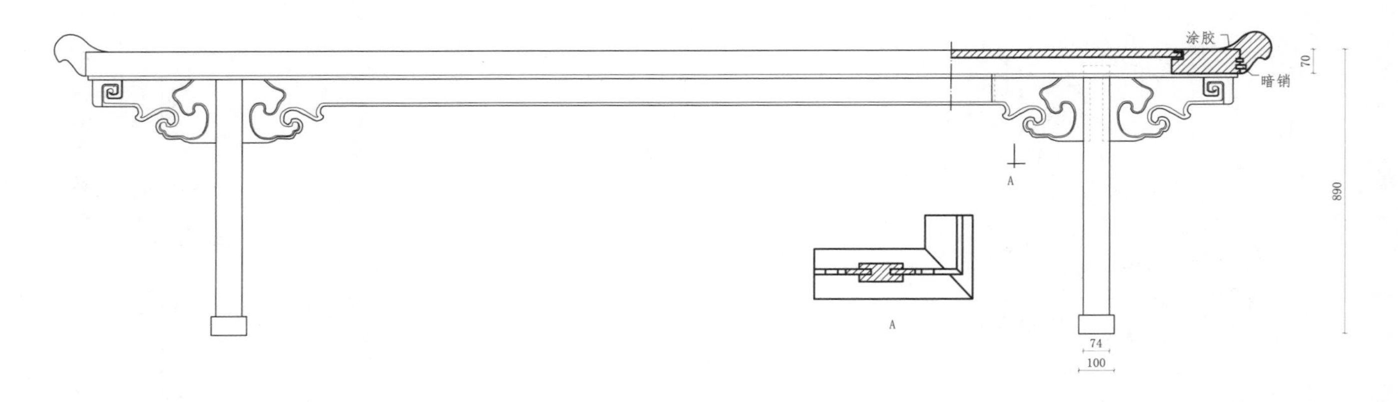
涂胶
暗销
70
890
A
A
74
100

主视图

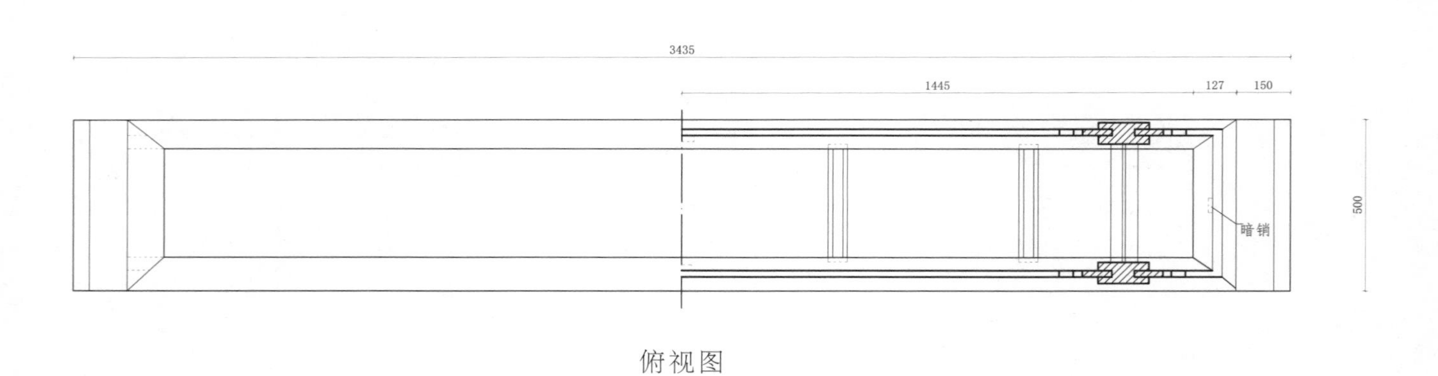
3435
1445
127
150
500
暗销

俯视图

名称：铁梨象纹翘头案
年代：明代
尺寸：高89厘米、长343.5厘米、宽50厘米

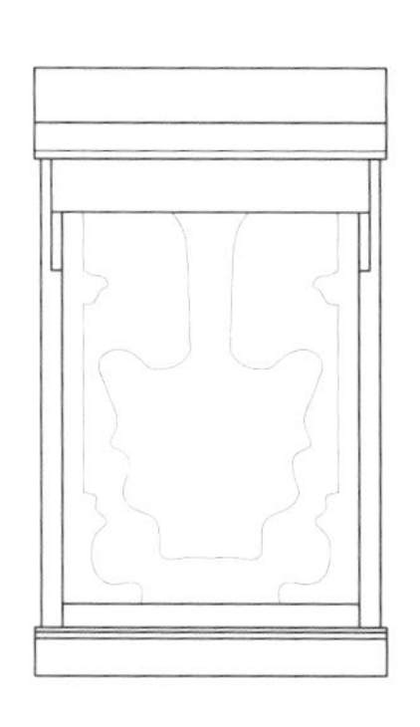
左视图

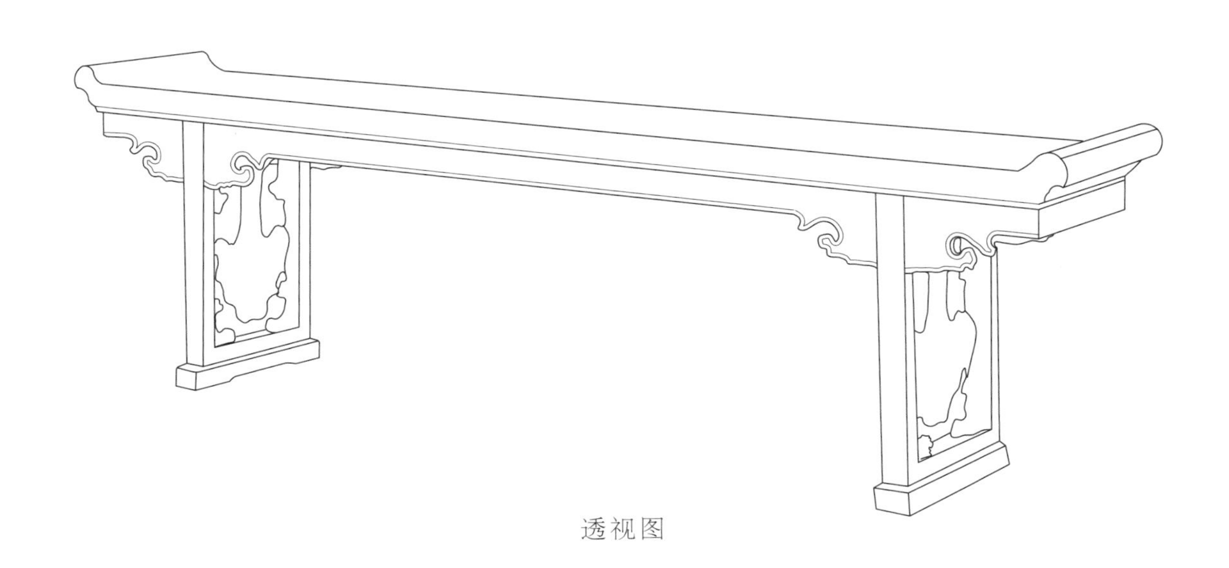
透视图

鸡翅木夔龙纹条案

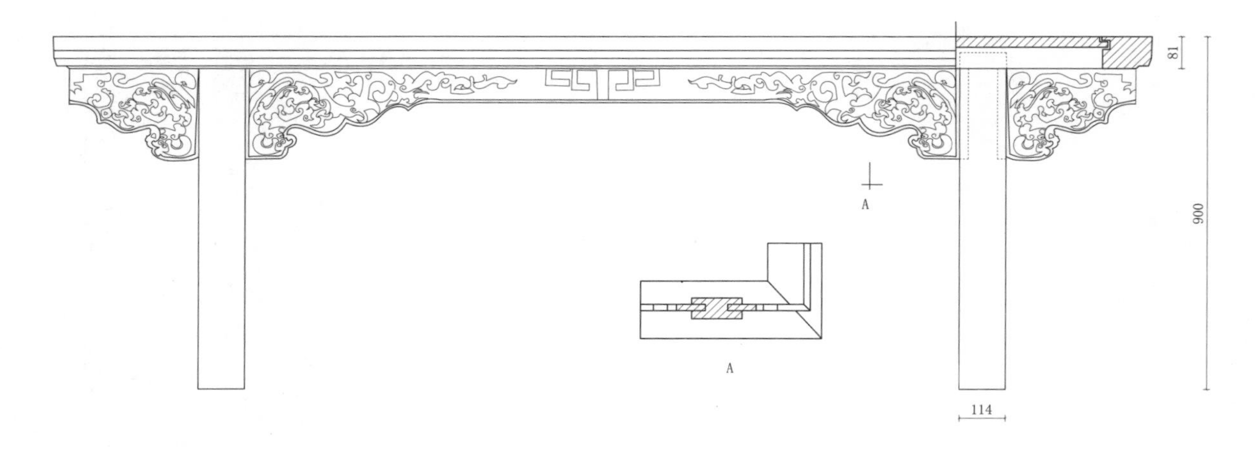
81
900
A
A
114

主视图

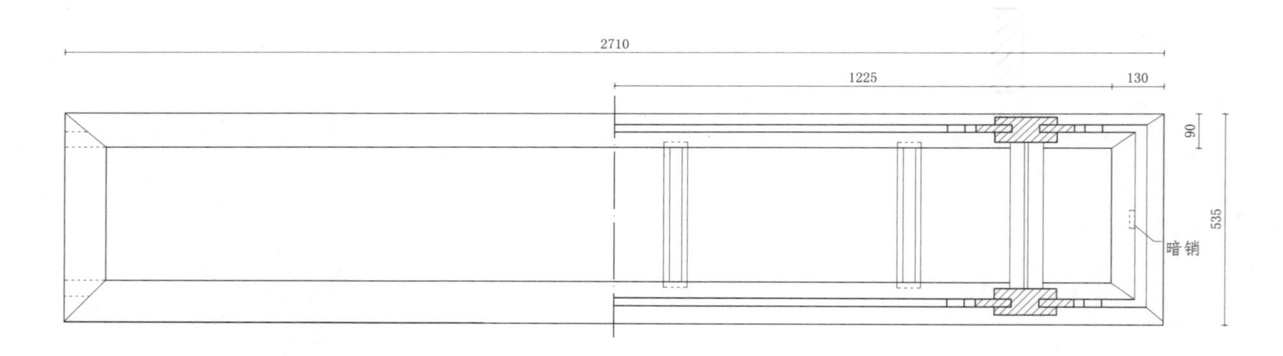
2710
1225
130
90
535
暗销

俯视图

名称：鸡翅木夔龙纹条案

年代：清早期

尺寸：高 90 厘米、长 271 厘米、宽 53.5 厘米

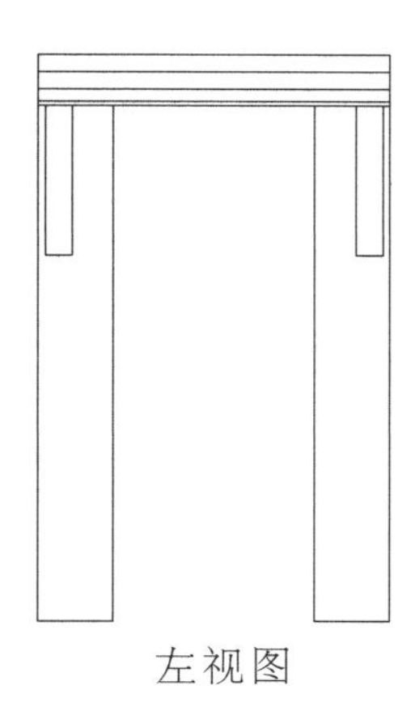

左视图

紫檀条案

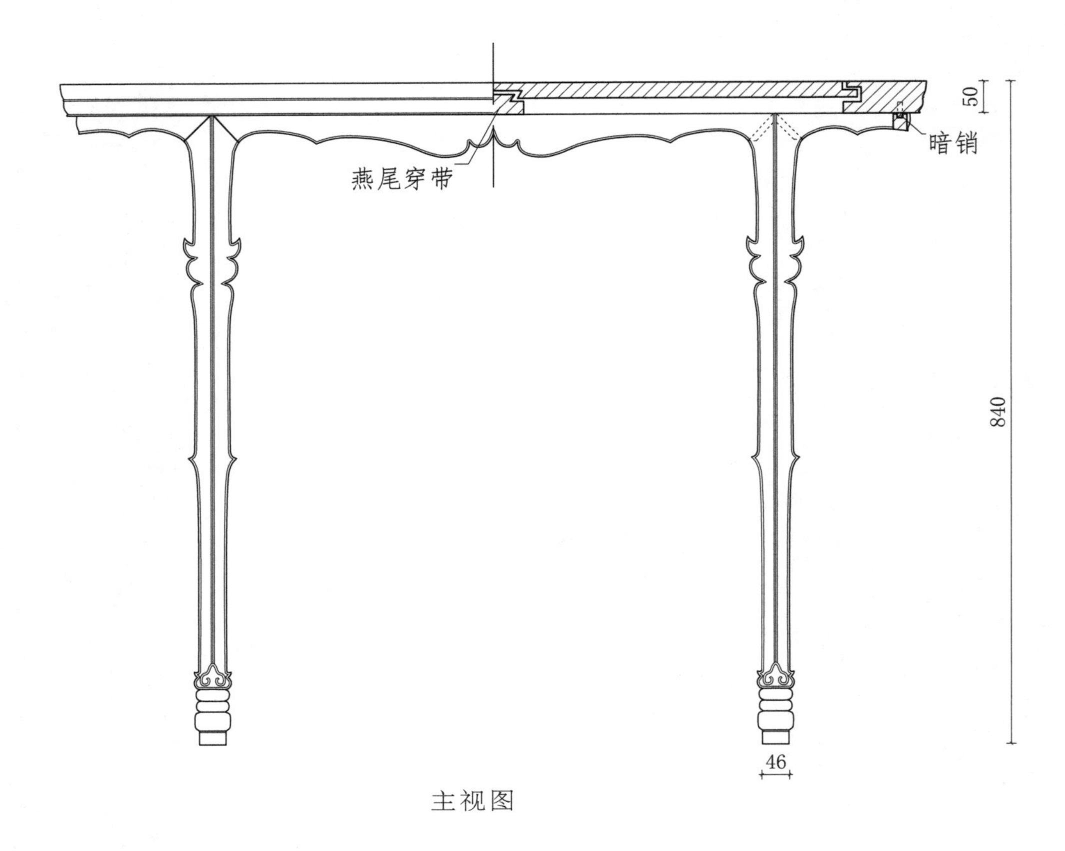
50
暗销
燕尾穿带
840
46

主视图

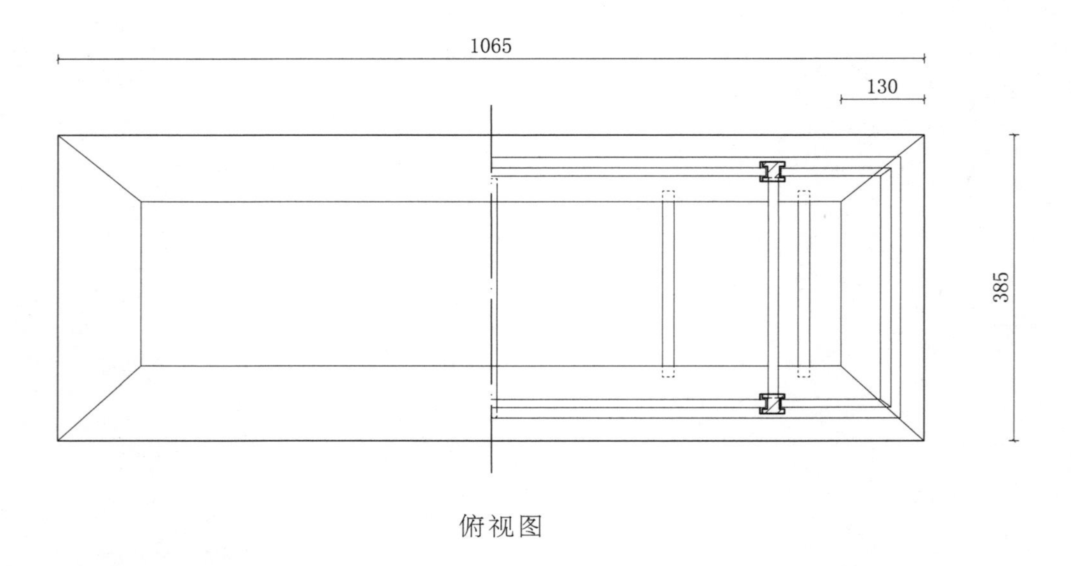
1065
130
385

俯视图

名称：紫檀条案

年代：清代早期（清宫旧藏）

尺寸：高 84 厘米、长 106.5 厘米、宽 38.5 厘米

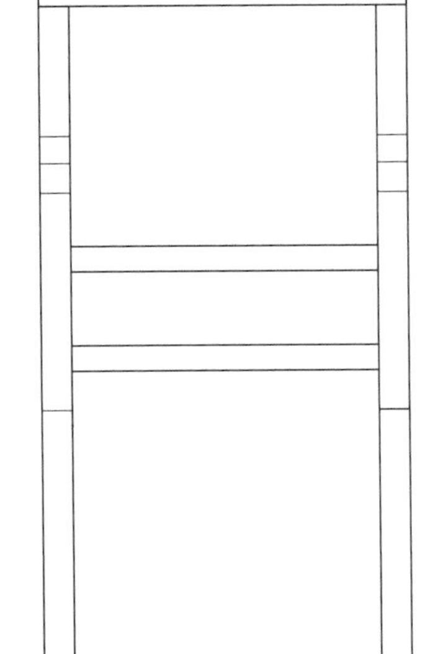

左视图

透视图

黄花梨夔龙纹卷书案

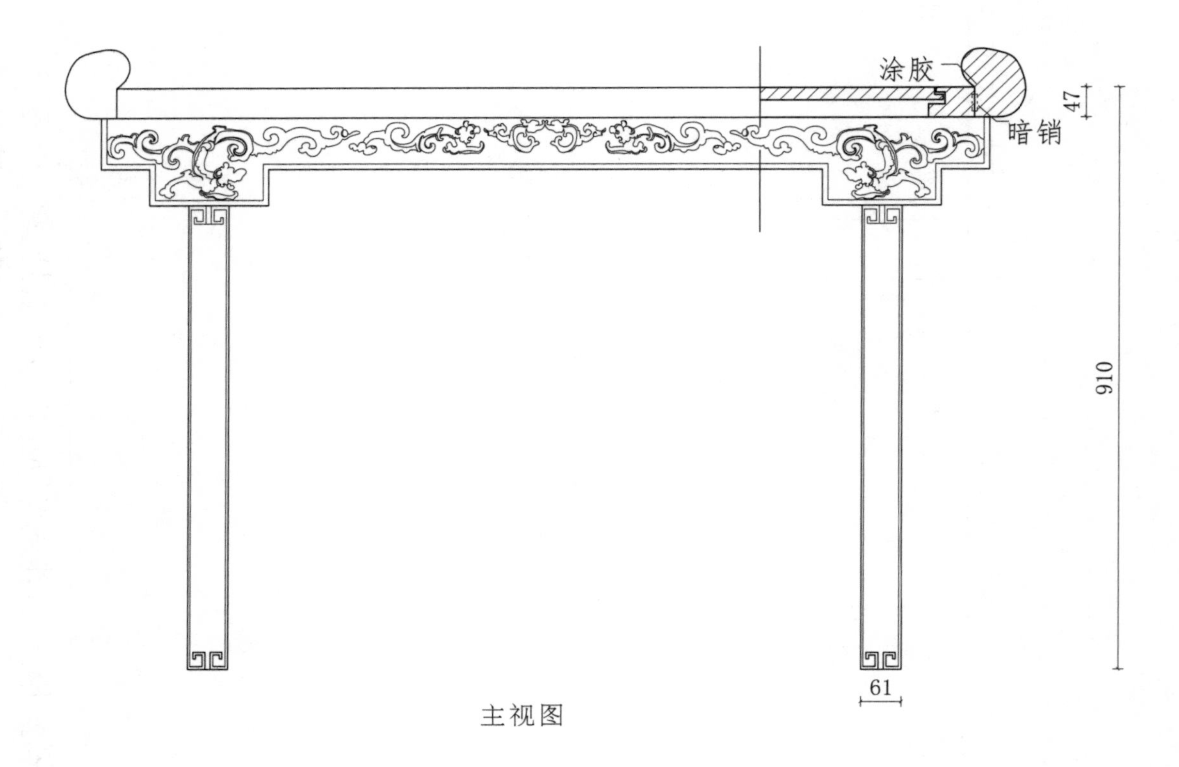
涂胶
47
暗销
910
61
主视图

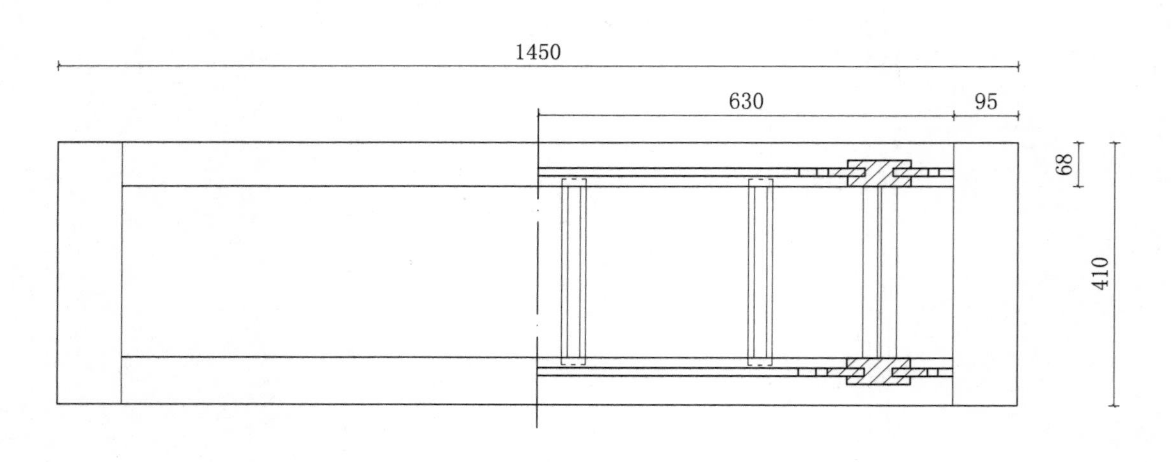
1450
630
95
68
410
俯视图

名称：黄花梨夔龙纹卷书案

年代：清代早期（清宫旧藏）

尺寸：高 91 厘米、长 145 厘米、宽 41 厘米

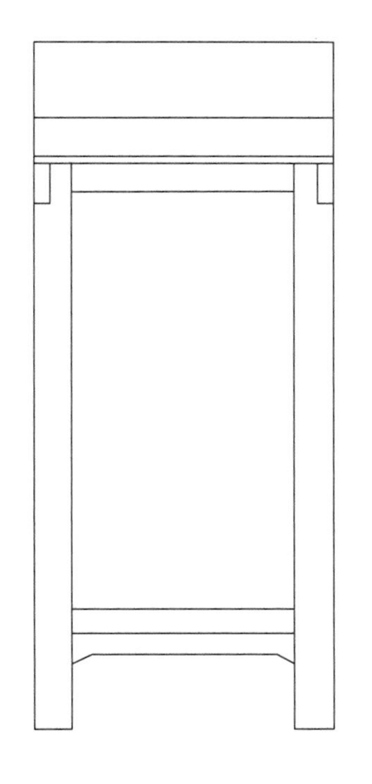

左视图

透视图

黄花梨炕桌

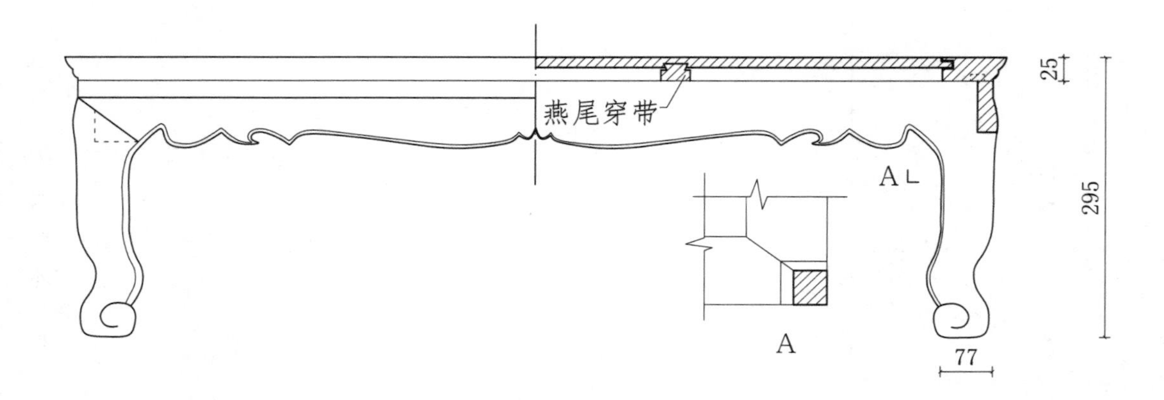
燕尾穿带
A
A
25
295
77

主视图

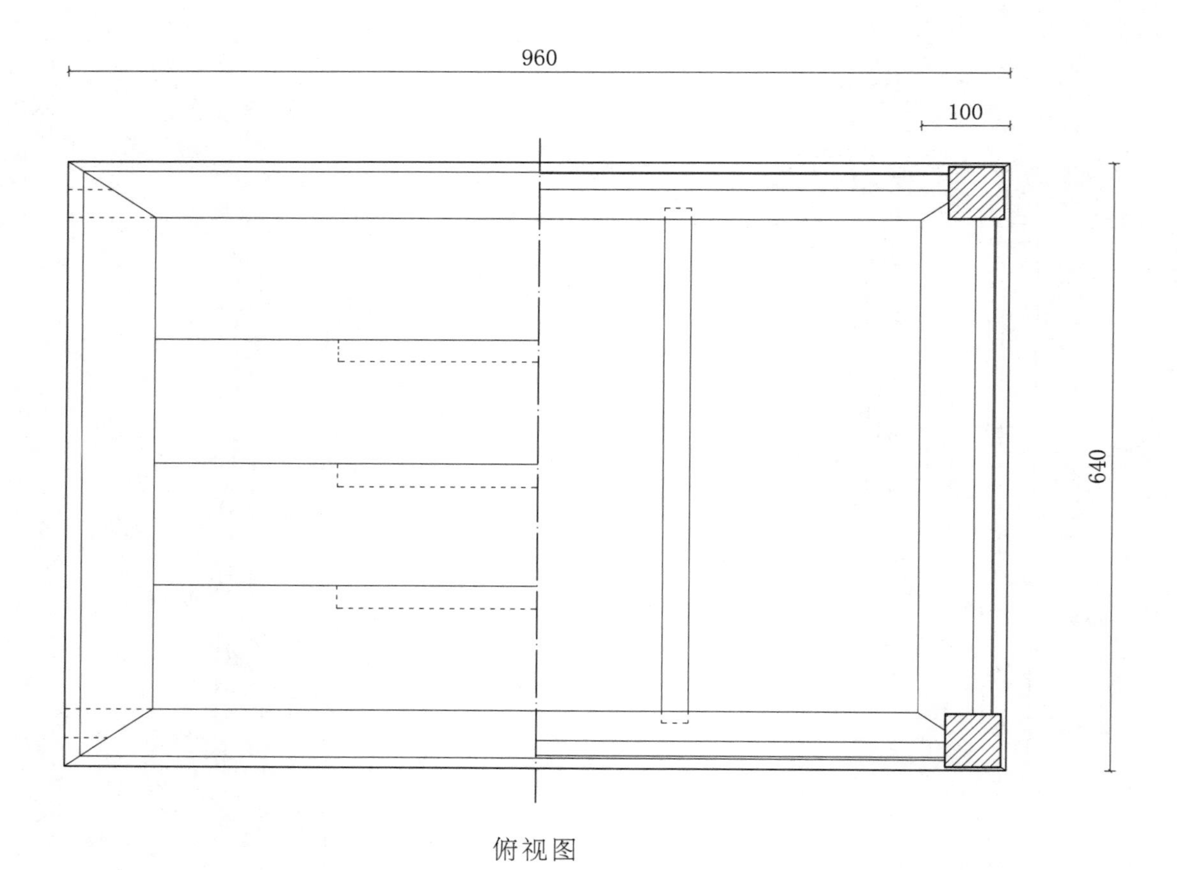
960
100
640

俯视图

名称：黄花梨炕桌
年代：明代（清宫旧藏）
尺寸：高29.5厘米、长96厘米、宽64厘米

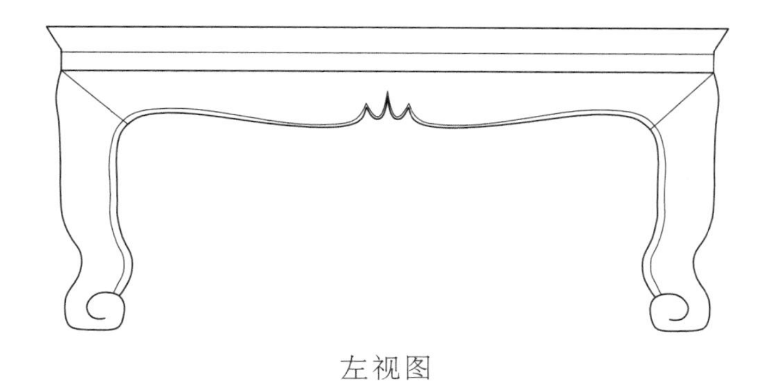

左视图

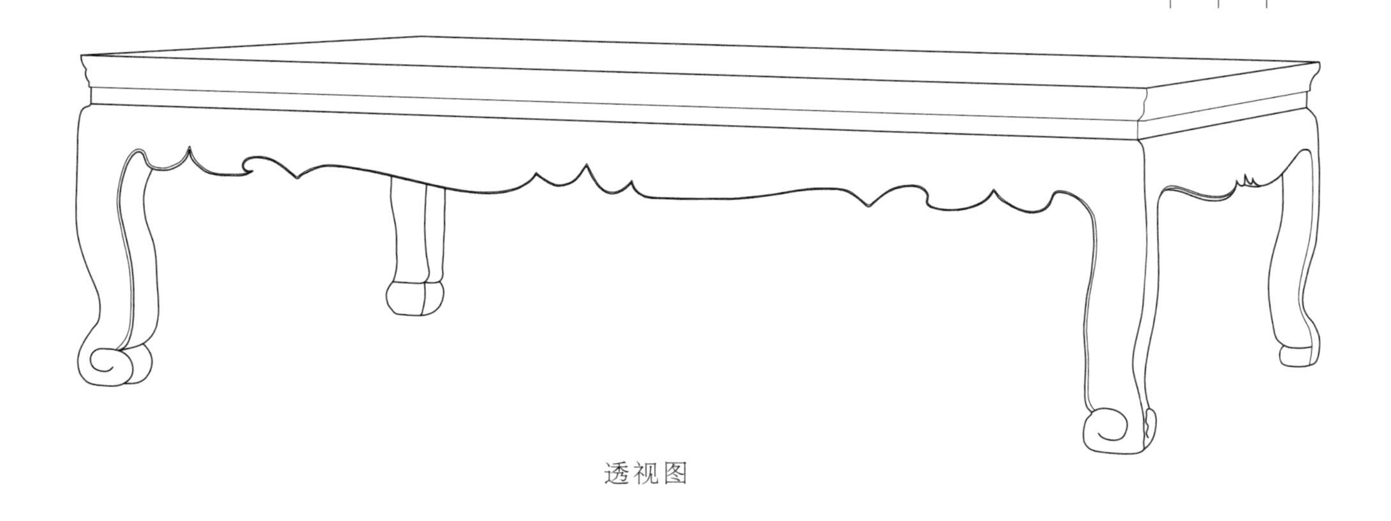

透视图

黄花梨夔龙纹炕桌

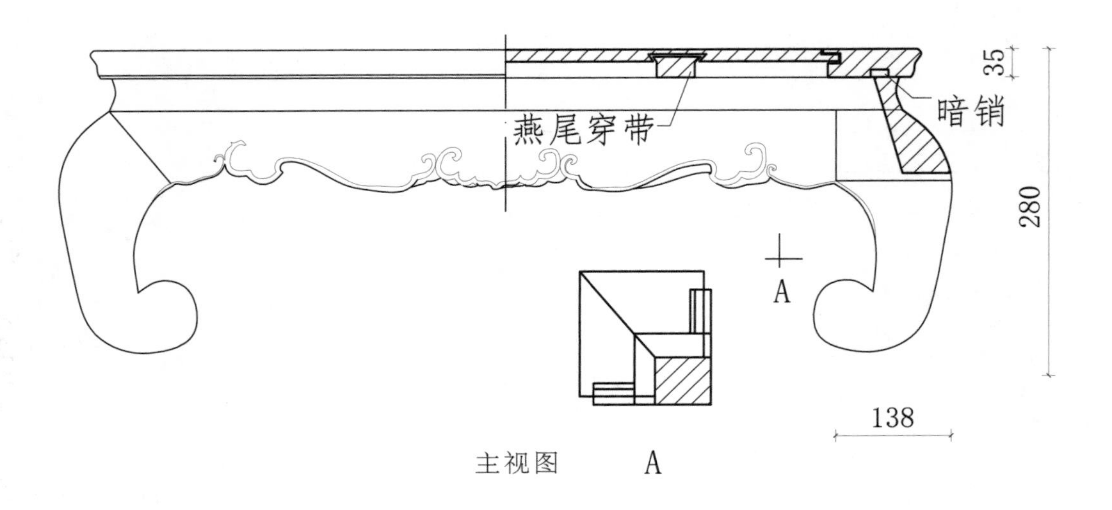
35
暗销
燕尾穿带
280
A
138

主视图　　A

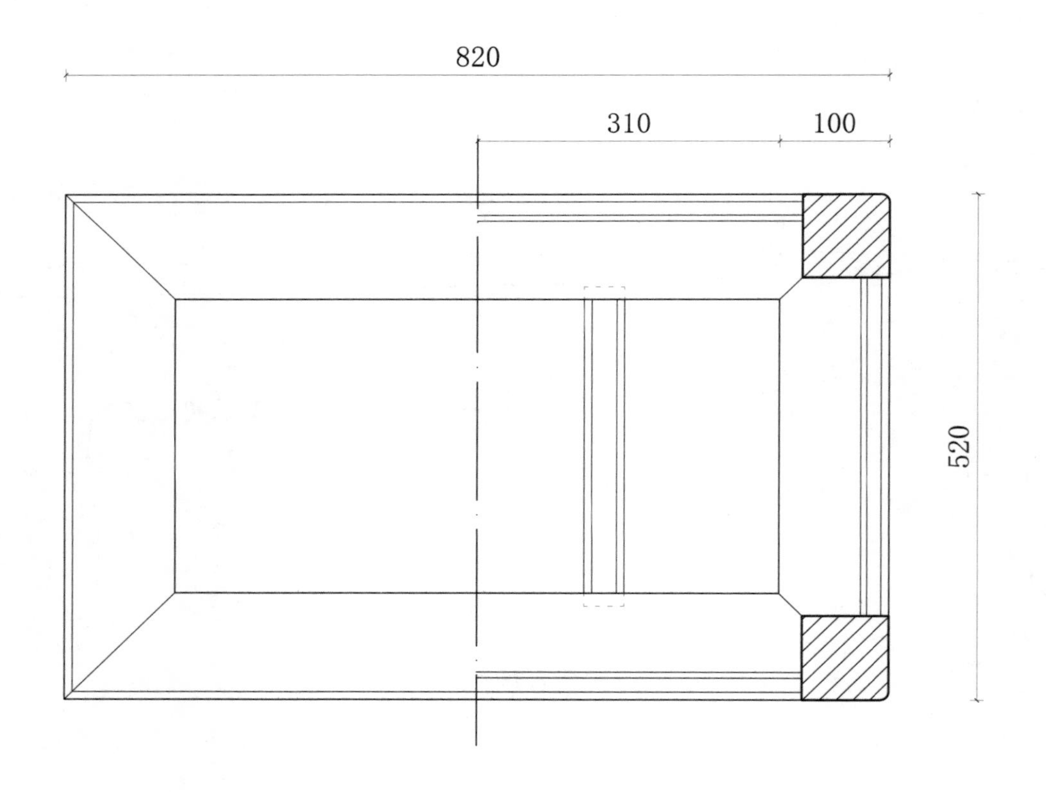
820
310
100
520

俯视图

名称：黄花梨夔龙纹炕桌
年代：明代（清宫旧藏）
尺寸：高 28 厘米、长 82 厘米、宽 52 厘米

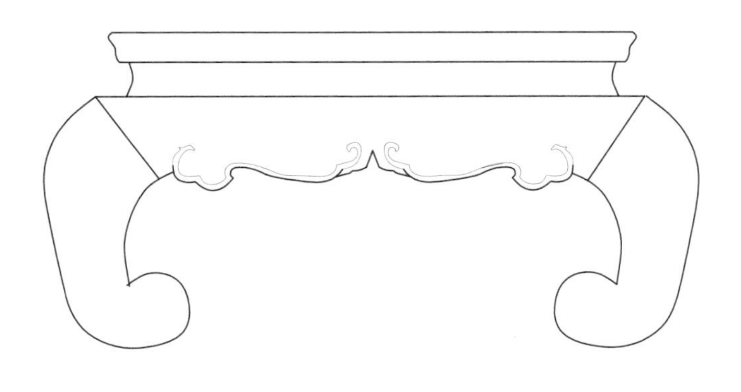

左视图

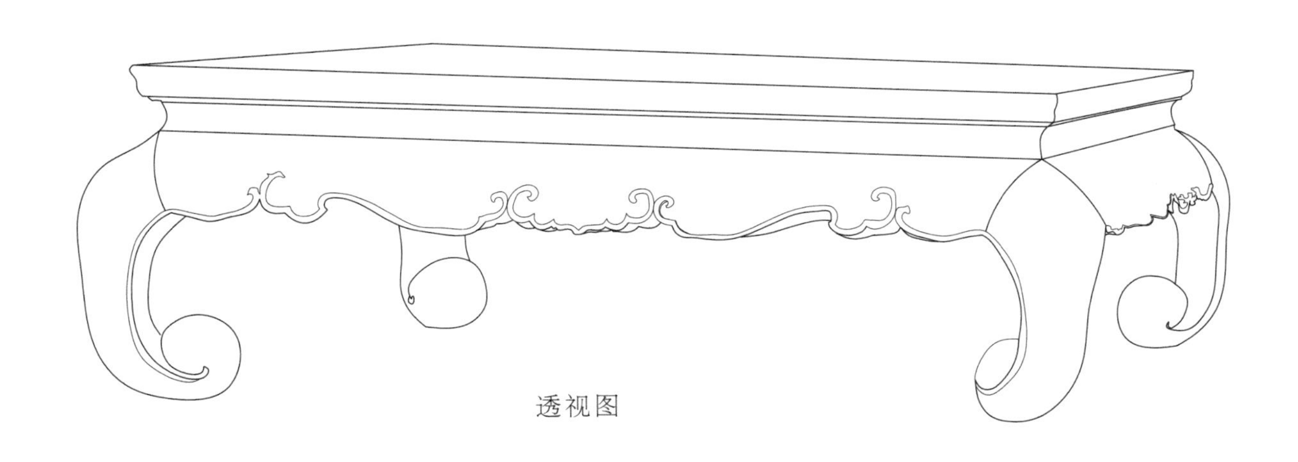

透视图

紫檀卷云纹炕桌

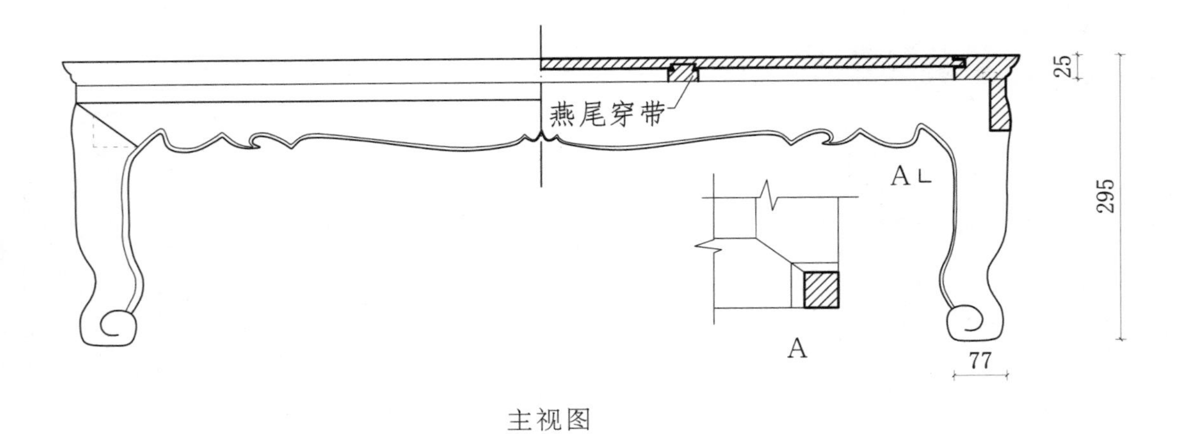
燕尾穿带
25
295
A
A
77

主视图

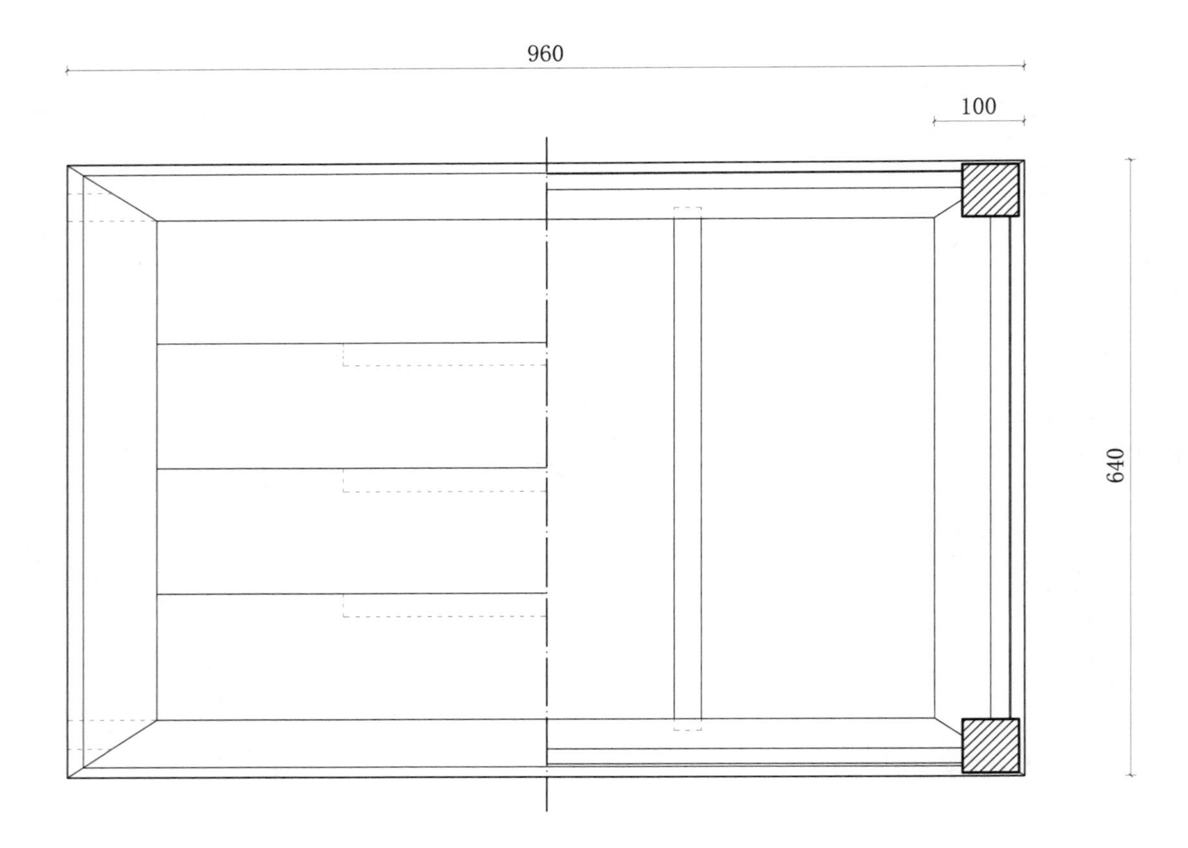
960
100
640

俯视图

左视图

名称：紫檀卷云纹炕桌

年代：清代早期（清宫旧藏）

尺寸：高 37.5 厘米、长 108.5 厘米、宽 70.5 厘米

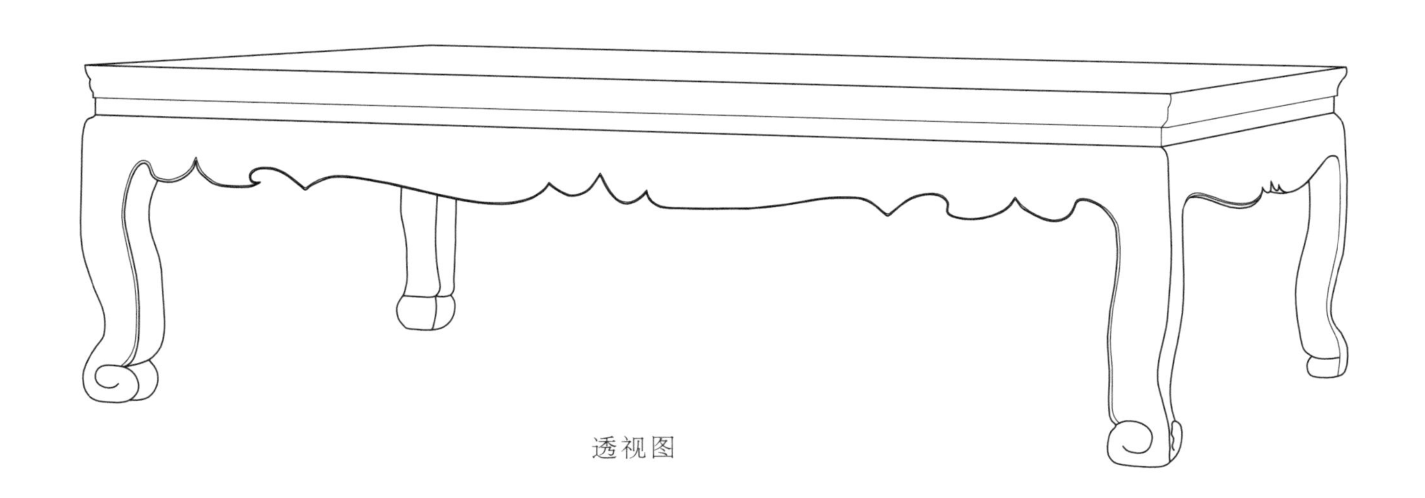

透视图

花梨方香几

名称：花梨方香几

年代：明代（清宫旧藏）

尺寸：高48厘米、长26厘米、宽26厘米

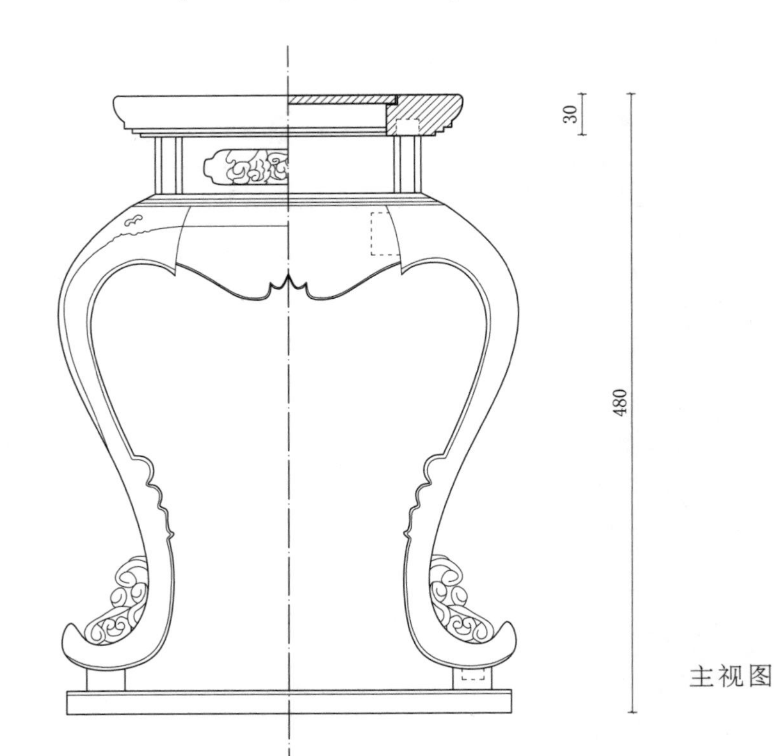
30
480

主视图

260

260

俯视图

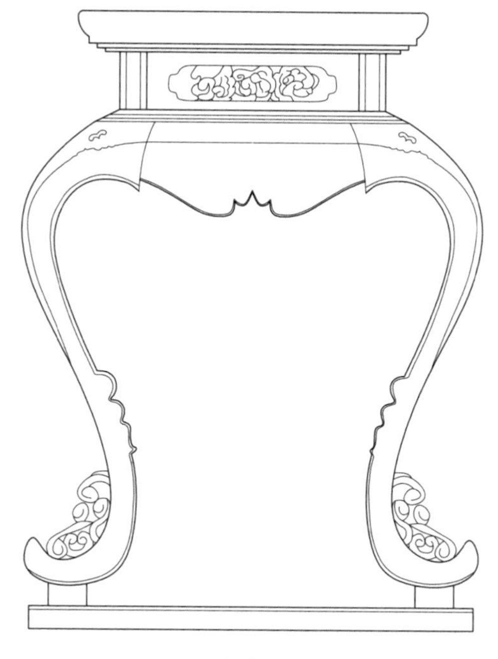

左视图

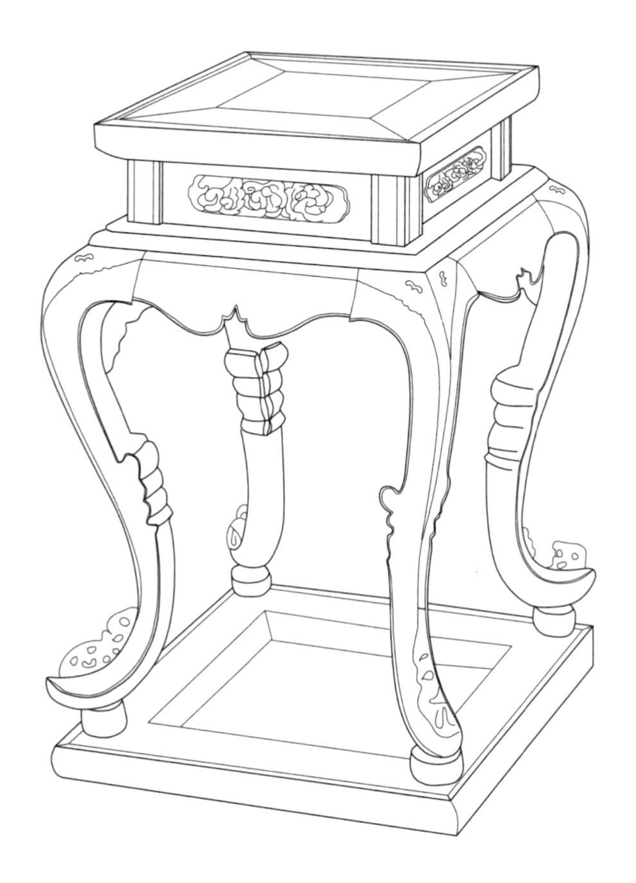

透视图

黄花梨联三柜橱

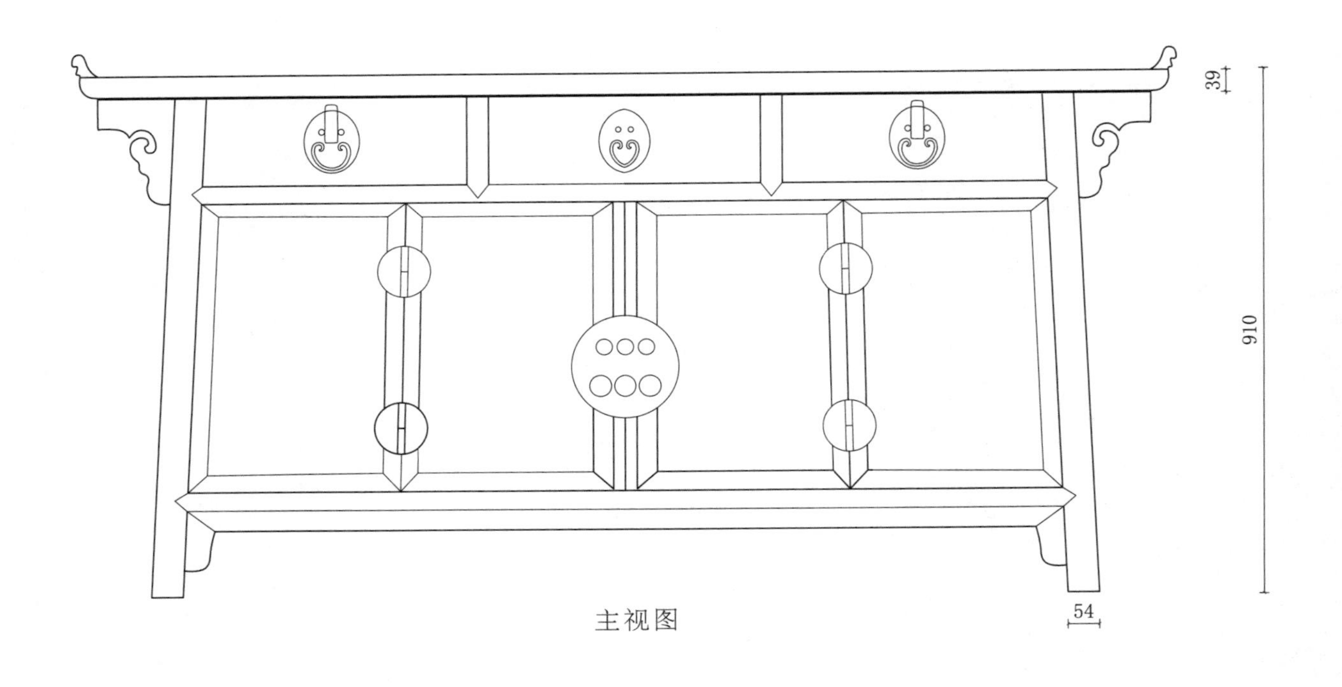
39
910
54

主视图

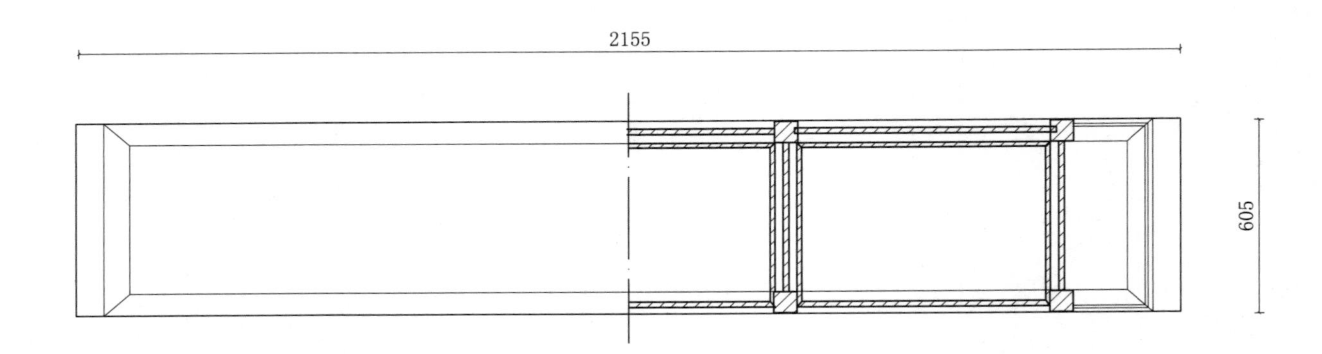
2155
605

俯视图

名称：黄花梨联三柜橱
年代：清代早期（清宫旧藏）
尺寸：高91厘米、长215.5厘米、宽60.5厘米

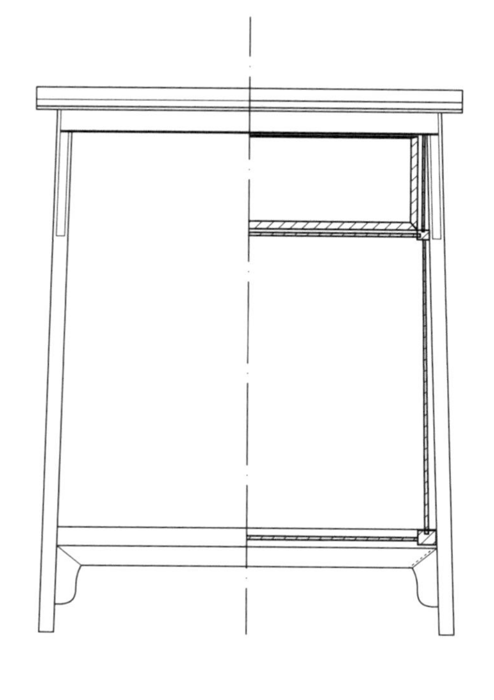

左视图

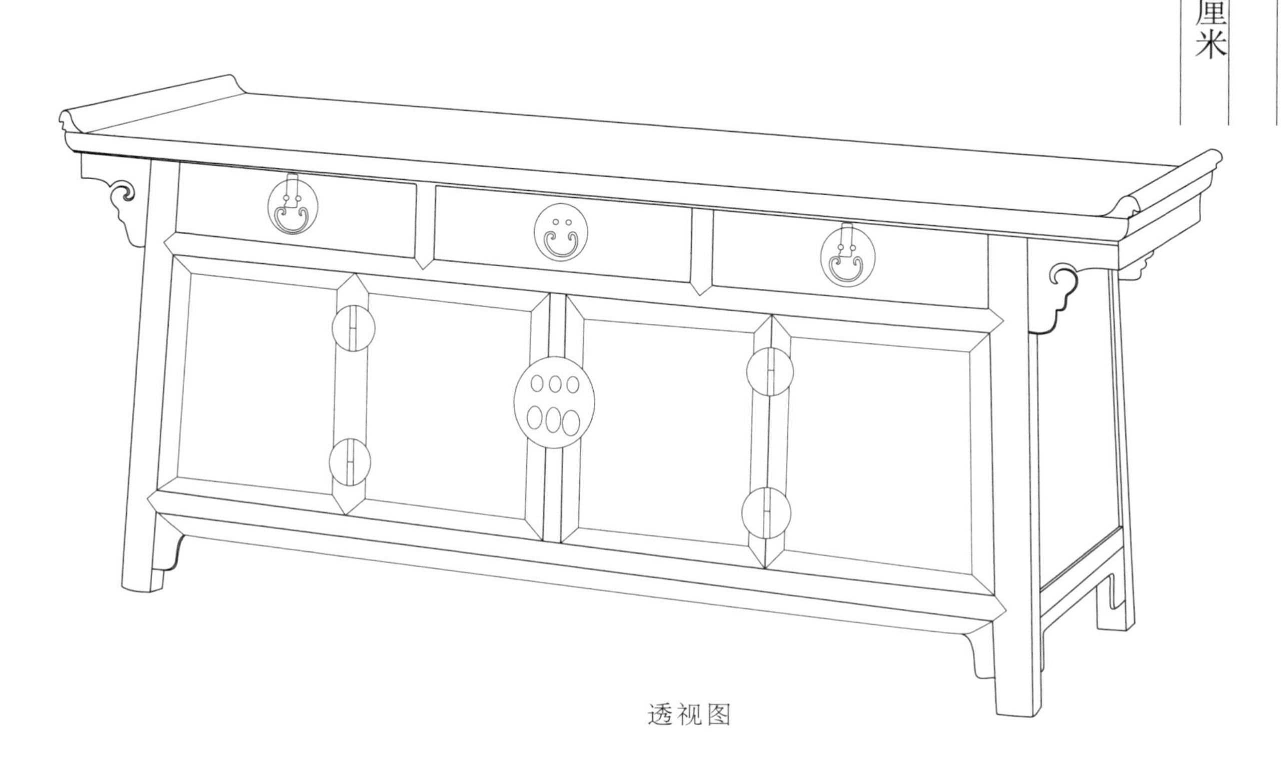

透视图

黄花梨双层柜格

名称：黄花梨双层柜格

年代：明代（清宫旧藏）

尺寸：高117厘米、长119厘米、宽50厘米

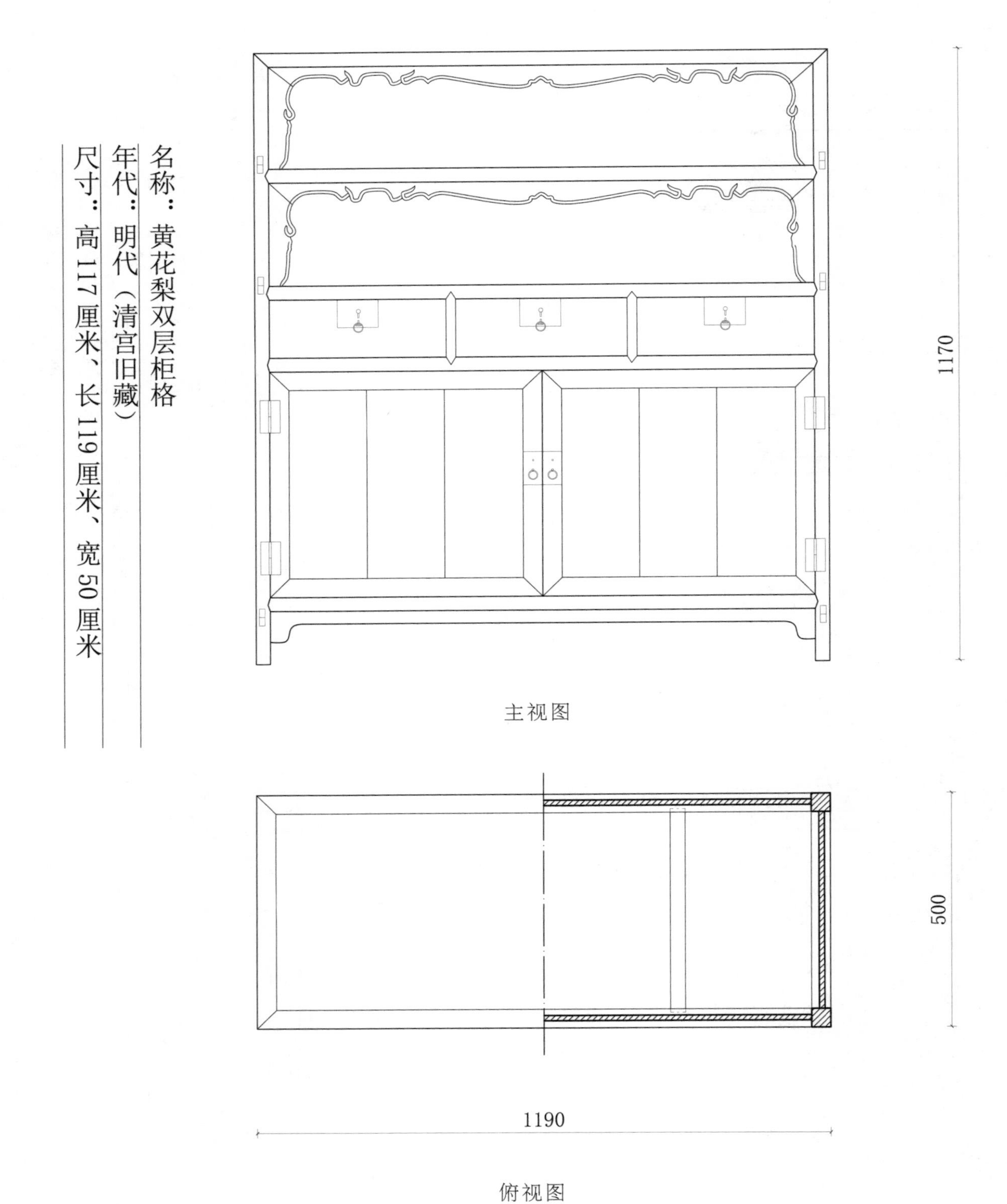
1170
500
1190

主视图

俯视图

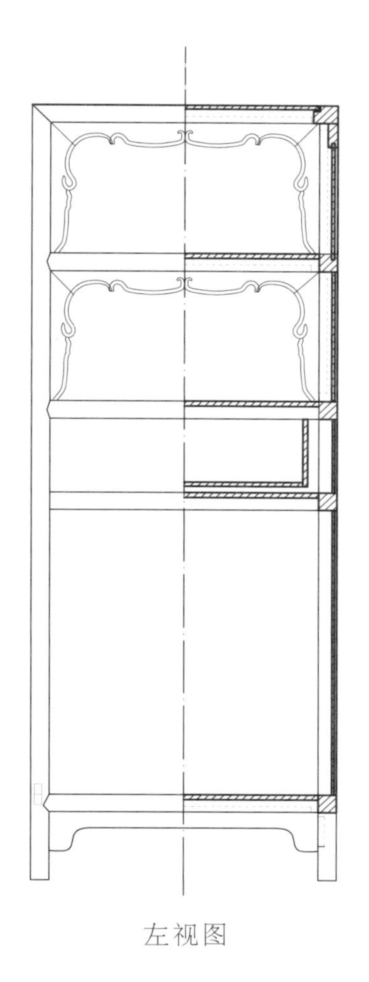

左视图

透视图

紫檀柜格

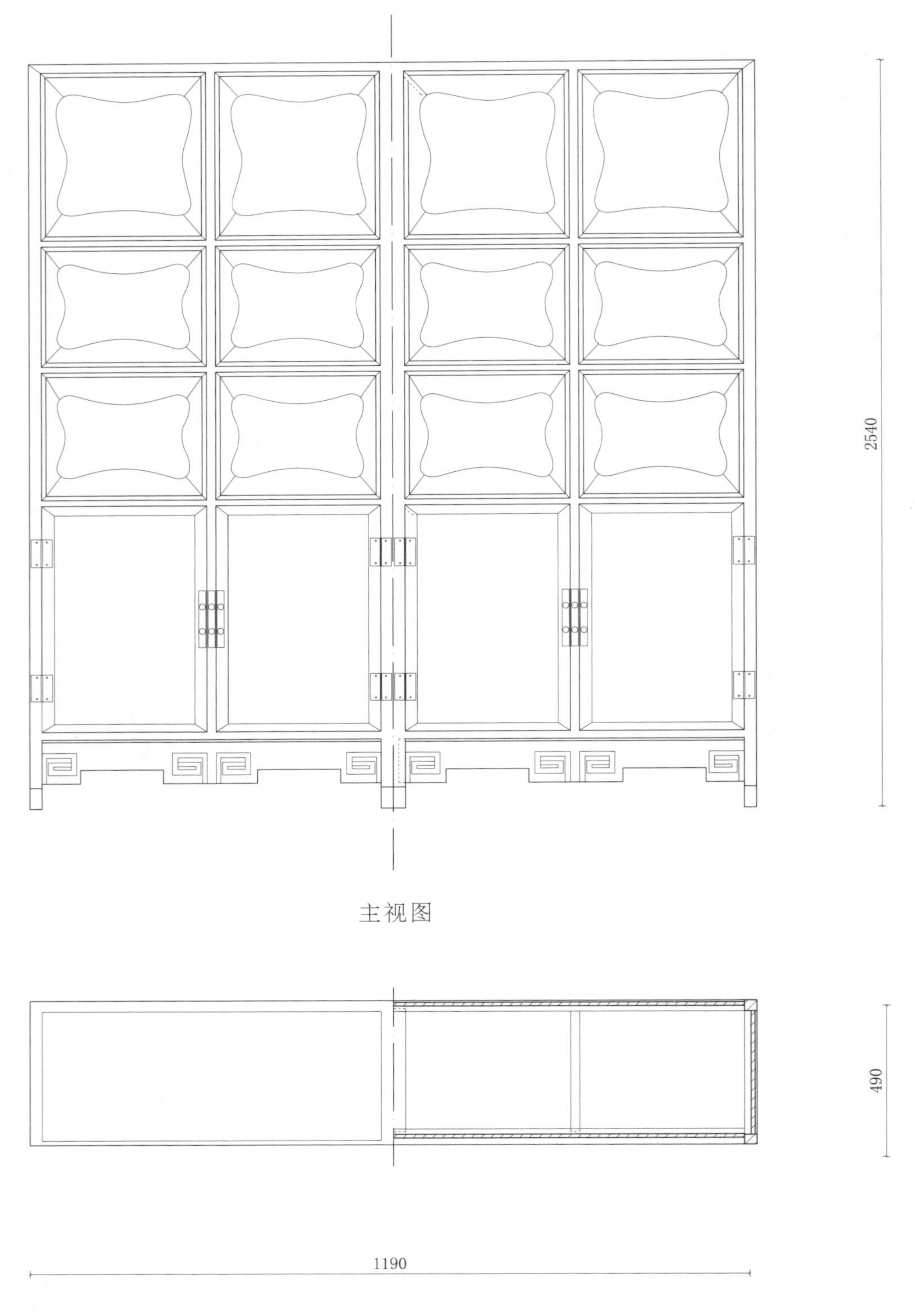
2540
490
1190

主视图

俯视图

名称：紫檀柜格

年代：清代早期（清宫旧藏）

尺寸：高 254 厘米、长 119 厘米、宽 49 厘米

左视图

紫檀棂格架格

名称：紫檀棂格架格

年代：明代

尺寸：高191厘米、长101厘米、宽51厘米

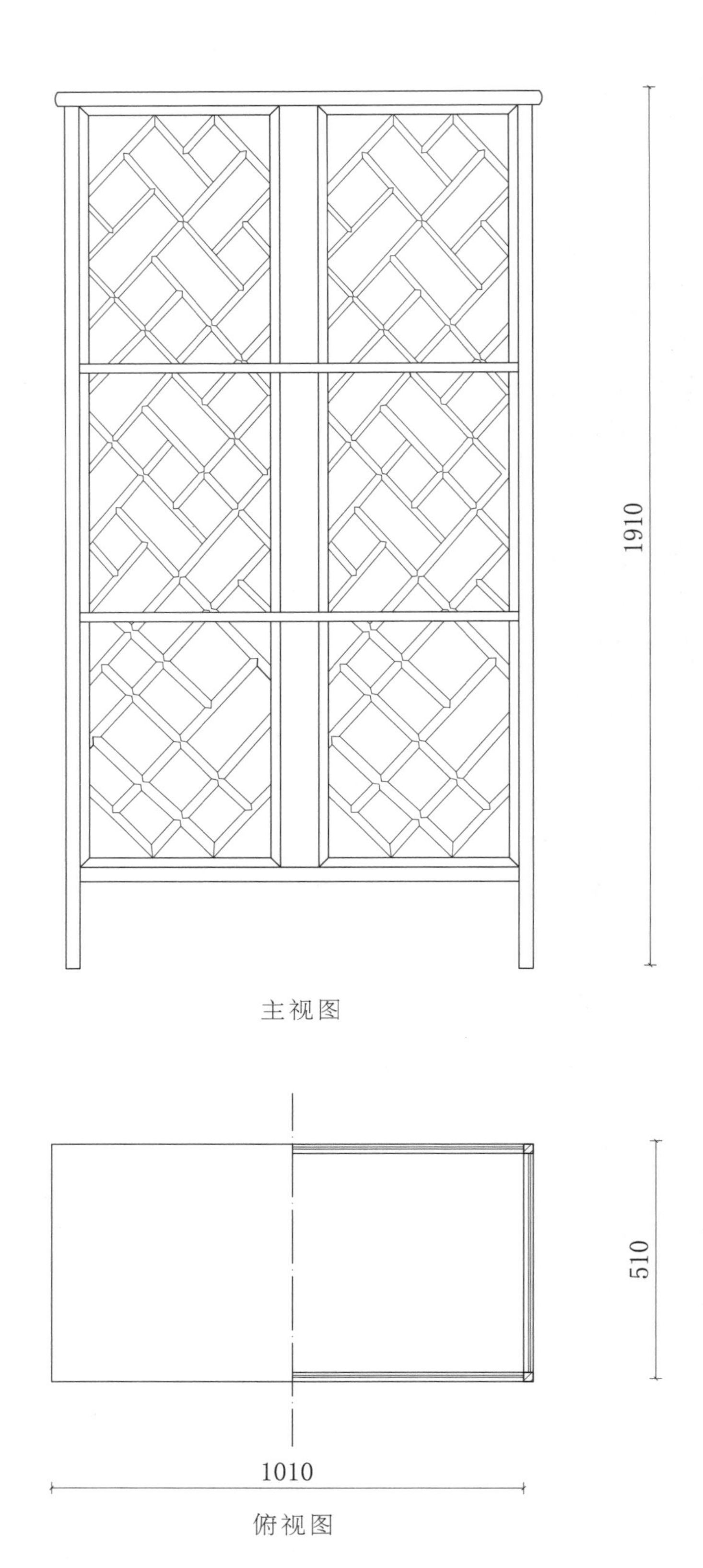
1910
510
1010

主视图

俯视图

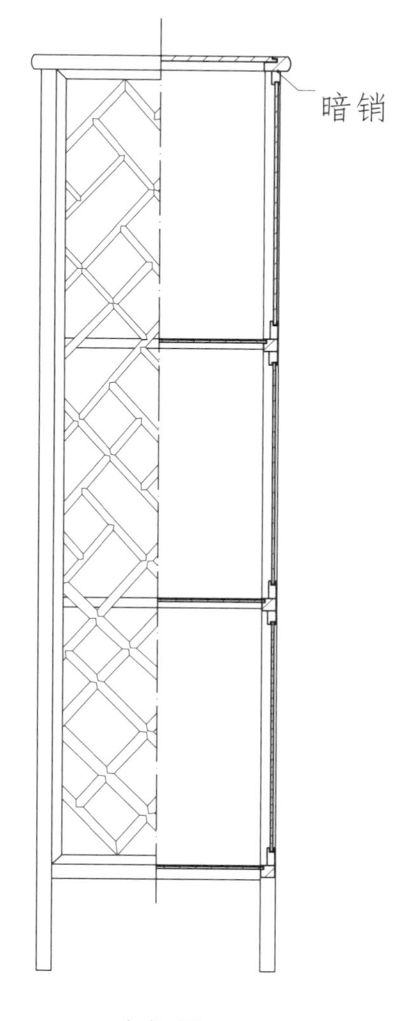
暗销

左视图

透视图

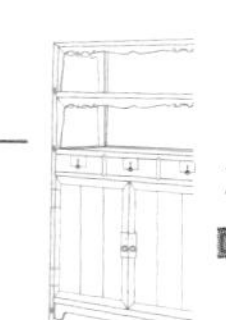

黄花梨官皮箱

名称：黄花梨官皮箱

年代：明代（清宫旧藏）

尺寸：高38厘米、长37厘米、宽26.5厘米

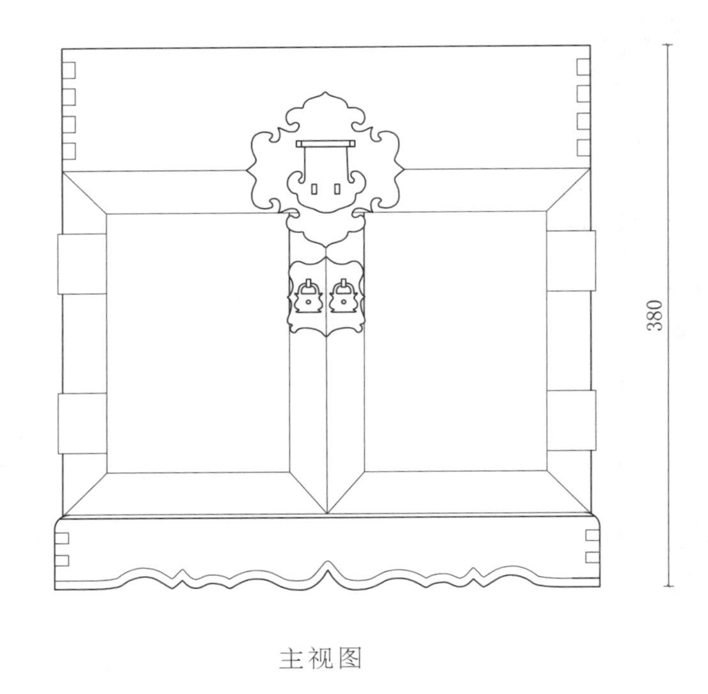
380

主视图

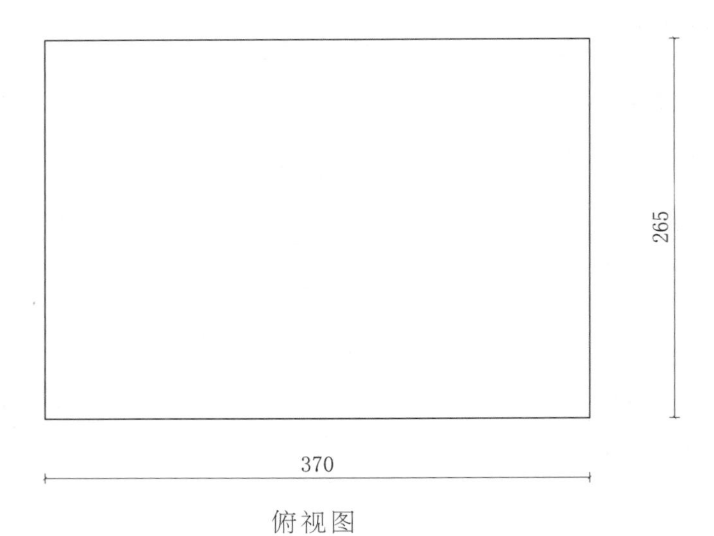
265
370

俯视图

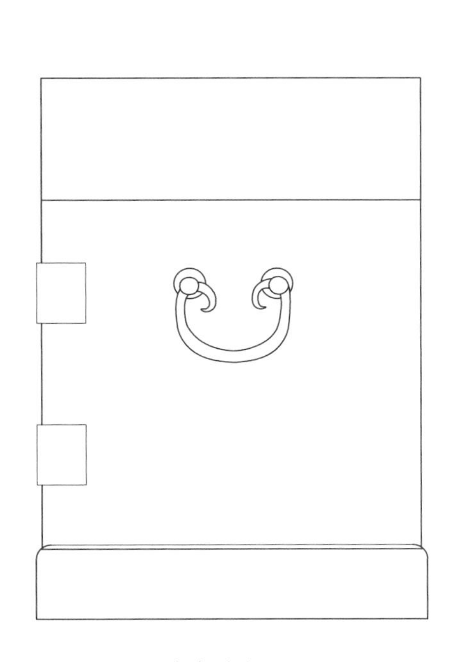

左视图

透视图